U0009269

高勝算算

決策策 ②

\暢銷實踐版/

做出好決策的高效訓練

HOW TO DECIDE

SIMPLE TOOLS FOR MAKING BETTER CHOICES

安妮·杜克 Annie Duke 著　林奕伶 譯

致我的父親理查・萊德勒（Richard Lederer），日日以他對教學的熱情與對文字的喜愛，給予我啟發。

目錄

目錄

第8章　負面思考，反而是決策好工具

目錄

好評推薦

「這本書兼具實用與易讀，將深奧的決策理論化為淺顯易懂的具體步驟，是我們做決策時不可或缺的百寶箱。」

—— 瓦基，閱讀前哨站

「每個人都必須為大小事情做抉擇，壞的抉擇可能之後努力也徒勞，所以方法很重要。舉例來說，投資人胡亂買進股票之後，陷入進退不得的窘境是極為常見的情況。本書提供實用而有效的方法，幫助大家做出最好的抉擇。」

—— 溫國信，雪球股達人

「更精采、更豐富、更實用，人生未必如賭局，但你卻絕對希望自己能打好手上每一副牌，而本書就是提高人生勝率的重要指南。」

—— 鄭志豪，熱門談判課程「一談就贏」創辦人

「『你的決策就像投資組合。』無論是一家公司決定製作的產品、一個人投入的學校教育或工作和技能，還是生活中的各種決定，我相信幾乎所有的事物都可以視為投資組合。問題是，投資組合內的決策雖然有輸有贏，我們如何確定整體投資組合會推動你朝目標前進？在這本新書中，安妮提供決策的練習，不光是投資人，所有人應該都會執著於做出更好的決策。」

—— 馬克・安德森（Marc Andreessen），網景（Netscape）與安霍創投（Andreessen Horowitz）的共同創辦人

「本書是讀來津津有味又實用的指南，指導大家如何在複雜的世界做出更好的決策。安妮・杜克精準說明，怎麼克服阻礙，做出明智抉擇，並提供讀者一套工具，方便從過去中學習，並在不確定的世界應對未來。在未來的許多年，我期望指定我的學生讀這本書。」

—— 凱蒂・米爾克曼（Katy Milkman），
賓州大學華頓商學院教授

「多麼驚人的成就！以熱情、才華與慈悲心寫作，趣味盎然，更包含了獨樹一格的原創觀點。」

—— 凱斯・桑思坦（Cass R. Sunstein），
《變革的發生》（How Change Happens）作者

「安妮・杜克給你需要的工具，並告訴你如何有效使用。聰明且實用，本書是決策方面能找到的最佳指南。」

—— 麥可・莫布新（Michael J. Mauboussin），
《成功與運氣》（*The Success Equation*）作者

「這是極其重要的一本書。簡單、強大又豐富，應該列為必讀之書。」

—— 賽斯・高汀（Seth Godin），
《這才是行銷》（*This Is Marketing*）作者

「沒有人比安妮・杜克更善於解釋高風險決策流程，將本書說明得如此妙趣橫生又充滿洞見。讀這本書，是你應該立刻做的第一個決策！」

—— 加里・卡斯帕羅夫（Garry Kasparov），西洋棋大師、
《孤棋致勝》（*How Life Imitates Chess*）作者

「本書是你壓根沒想過自己會需要的決策完美指南。清晰、引人入勝，而且發人深省，甚至迫使我們重新檢驗自己的思考流程，並質疑我們內心深處的心智運作方式。」

—— 瑪莉亞・柯妮可娃（Maria Konnikova），
《人生賽局》（*The Biggest Bluff*）作者

「許多書告訴我們為什麼會做出壞的抉擇，卻很少有書幫我們做出更好的決策。終於，安妮・杜克解決了這個問題。她的決策手冊不僅以證據為基礎，而且實用有趣。」

——亞當・格蘭特（Adam Grant），

《給予》（*Give and Take*）作者

「光是閱讀物理學教科書，不可能學會怎麼騎腳踏車，你得跨上腳踏車練習。光是閱讀個體經濟學教科書，不可能成為更好的決策者，你必須讀完這本當今水準最高的著作，實際操作現實世界練習題。」

——菲利普・泰特洛克（Philip Tetlock），

《超級預測》（*Superforecasting*）作者

閱前提問
你做過最好和最壞的決定是什麼？

決策訓練

憑第一直覺寫下你去年做過最好的決定：

_____

再寫下去年你做過最壞的決定：

_____

你最好的決定最後帶來好結果嗎？勾選一個答案。
☐ 是　　☐ 否

你最壞的決定最後帶來壞結果嗎？勾選一個答案。
☐ 是　　☐ 否

多數人都用結果衡量決策好壞

如果這兩個問題，你的答案都是「是」，那麼你跟大多數人一樣，在描述決策時，更接近以結果衡量決策的好壞，而不是決策本身的脈絡。

我對數百人做過這項練習，當我問到最好的決定時，人們回答有著最佳結果的決策。當我問到最壞的決定時，人們回答有著最差結果的決策。

這項練習稍後還會再提到。

前言
不靠運氣，靠自己做出好決定

　　人每天要做大大小小、數以千計的決定，有些是會影響人生的重大決定，像是選擇哪一份工作，有些則是無關緊要的選擇，比如早餐吃什麼。

　　無論面對什麼樣的決定，建立一套決策流程是刻不容緩的，不僅能改善決策品質，同時幫助你整理你的決策，以分析決策的重要性。

　　為什麼擁有高品質的決策流程很重要？

　　只有兩件事會影響人生的結局走向：運氣和決策的品質。在這兩件事之中，你能控制只有一件事。

　　運氣，指超出你所能控制的，像是什麼時候出生？在哪裡出生？老闆來上班時心情好不好？哪個招生人員恰巧看到你的大學申請書等，這些全都不在你的控制之內。因此多少**能掌控和可改善的，就是決策的品質，當你做出品質更高的決策，發生好事的機會就更大。**

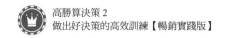

高勝算決策

影響人生最後結局的因素中，唯一能控制的就是決策品質。

改善決策流程之所以重要，是因為在決定自己追求怎麼樣的生活品質中，唯一可以控制的，就是怎麼做決定。我相信這個說法不會有什麼爭議。

儘管做出高品質決策的重要性不言而喻，但令人意外的是，很少人能明確說出什麼是好的決策流程。

我從成年以來一直在反思什麼才是好的決策流程。最初我以認知科學博士生的身分思考這件事，後來我當上職業撲克牌選手，身處運氣影響結果的環境，必須在短時間內做出牽扯真金白銀的高風險決策。過去 18 年來，我身為決策策略商業顧問，幫助高階主管、團隊和員工做出更理想的決策（更不用說身為家長，努力養大 4 個健康又快樂的孩子）。在不同背景和不同環境中，我發現，一般人往往不擅長解釋怎麼做出高品質的決策。

會遇到這個困難的不只有新手撲克牌玩家、大學生或基層員工，就連經驗豐富、幾乎整天都在做決策的高階主管，在聽到我問起：「高品質的決策流程應該是什麼樣的？」得到的答案眾說紛紜：「歸根究柢，我相信自己的直覺」、「理想的情

況是，我採納委員會的建議」、「我列出利弊分析表（pros and cons list）衡量各種選項」。

仔細回想我們從幼稚園到國中的教育，就會發現不擅長解釋「決策」，似乎不意外也不奇怪。教育的方針除了模糊地鼓勵學生培養批判思考能力外，並未明確清楚地教導過決策。如果你想學習如何做優異的決策，在學校教育中，不太可能遇到專門培養決策能力的課程，即使進入大學，也只是選修或通識課。

難怪我們沒有常見的方法來做決策，甚至沒有一種共同的表達方式討論決策。

沒辦法使決策更有效，可能會有慘重的後果，畢竟決策是你在敦促自己達成目標時，唯一能控制的重要因素。

這就是為什麼我要寫這本書。

本書將提供一個架構，引導你思考如何改善決策，也會依照這個架構設計一套實踐工具。

那麼，構成良好的決策工具有什麼要素？

工具是用來執行特定功能的手段或裝備，比如榔頭是用來敲釘子的工具，螺絲起子是轉螺絲的工具。如果使用合適的工具做合適的工作，做起事來就會事半功倍。

好的工具有幾個要素：

1. 有某個功用是有效且好用的，並且能重複使用。也就是

說，如果你以同樣的方式使用相同工具，能期待得到同樣的結果。

2. 工具的正確使用方法可以傳授給其他人，其他人為了達到相同的目的，可以透過使用同樣的工具得到預期結果。

3. 在使用後可以受大眾檢視，確認是否使用得當。

因此即使是執行長用來評估決策的方法，也可能是相當拙劣的工具。

依直覺下決定，無論過去有多少經驗或成功多少次，也不屬於決策工具。

其實，採用直覺還是有可能讓你做出好決策，只是做出的好決策，無法確定是不是恰巧，就如同壞掉的時鐘一天報對兩次時間，我們無法知道是恰巧還是它沒壞。直覺是個不可透視的黑盒子，無法得知直覺究竟是不是精密校正過的決策工具。

我們無法窺探和分析直覺如何運作，依直覺做決策，能看到的只有直覺告訴你怎麼做，沒辦法回頭精確檢視直覺怎麼達成決策。再加上，直覺是個人所獨有的，無法「教導」給別人，讓他人用你的直覺做決策，自己也無法確定每次都能以相同的方式運用直覺。

以「工具」的要素分析直覺，可以很明顯地看出直覺不算決策工具。

還有利弊分析表這類評估方式，嚴格來說是工具，卻不是合適的工具。透過本書你會了解，如果你想要做出客觀上的最佳決策，利弊分析表不是有效的決策工具，就彷彿期待用敲釘子的榔頭砸破瀝青。

好的決策工具可以降低認知偏誤，例如：過度自信、後見之明偏誤或確認偏誤等，但利弊分析表往往有放大偏誤的作用。

如何選一個有好結局的選項？

決策從本質上來說，是對未來的預測。

做決策時的重點，是考量自己能夠承擔多少風險，挑選最有機會讓你取得重大進展，最終得以達成目標的選項（如果沒有好的選項，就要選擇損失最小的選項）。

大部分的決策都不會只有一種可能結果，幾乎都有多種可能的發展方向。以選擇上班路線為例，無論哪一條路線，都有很多種可能的結果，像是交通路況可能車流量不多，也可能車流堵塞。行駛中車輪可能會爆胎，也可能因超速被攔下。

因為未來有太多可能性，所以能不能做出最好的決定，取決於你思考和想像各種選項未來發展的準確度。

按照這個說法，理想的決策工具大概是水晶球了吧！

有了水晶球就能看到未來，對世事、對可行的所有選項都瞭若指掌，更能清楚明白那些選項會有什麼樣的結局。

算命師總是信誓旦旦保證可以輕鬆不費力地預見將來，但可惜，真正有效的水晶球只存在於小說，即便是《綠野仙蹤》（*The Wizard of Oz*）這類的虛構小說，也只是幻想。唯有建立起強大的工具箱，打造良好決策的過程，結局才可能更貼近算命師的保證，而你設計的方法也將大大改變未來可能的結局。

當然，即使有最好的決策流程和工具，也不可能像用水晶球預見未來般清晰和肯定，但改善流程仍是值得追求的目標。

如果你能提升知識與見解準確度，改善比較選項的方法，並且加強預測選項未來發展的能力，決策流程自然得以改進。

高勝算決策

判斷一項決策的好壞，就是一一檢驗決策時參考的意見、可用的選項和每種選項未來可能的發展。

練就有效從經驗改善決策的能力

改善未來決策的最佳方法，直觀來看，應該是從過去決策的結局學習，所以本書將以此為起點，提升從經驗中學習的能力。

在前 3 章你會發現，某些從經驗學習的方法可能會偏離方向，讓你從過去的決策，總結出相當糟糕的心得，無法判斷決策是好是壞。本書不僅會指出從經驗學習的風險，還會介紹幾種工具，更有效了解我們能從過去的經驗學到什麼。

為什麼事情會變成那樣？結局的決定因素，一部分是你的選擇，還有一部分取決於運氣。找出事情發展中運氣和自身能力的平衡點，會回饋成為你未來決策時參考的見解。如果沒有穩固的架構檢驗過去的決策，會影響到你從經驗中學到的教訓。

從第 4 章起，本書的焦點會轉向新的決策，為高品質決策流程提供架構與執行該流程的工具。在這裡你會看到彷彿建立水晶球般的好處，將決策品質的重點，聚焦在未來不確定的猜測，能運用各種方法改善見解與知識的品質並據理推測。這些都是預測與後續做決策的基礎。

一套儲備充足且可以配合高品質決策流程執行的多功能工具組，其中所花費的時間與心力，遠高於瞥一眼就對未來瞭若指掌的水晶球，但額外花費的時間，對重大決策有著深遠的正

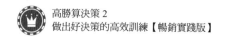

向影響。

然而不是所有決策都值得動用決策工具組全力以赴。

假設你在組裝櫥櫃，需要鎖上螺絲釘，但手邊沒有螺絲起子，可能會忍不住想用榔頭來節省時間。有時候使用榔頭的效果還不錯，可以省下時間，但也可能會砸壞櫥櫃，或是製造出危險的劣質品。

問題是，我們不擅長分辨在什麼情況下，犧牲品質不算是大問題。分辨得出勉強可以改用榔頭的時機，是值得培養的元技能（metaskill）。

第 7 章會介紹一套心智模式，幫你思考在什麼情況下要用到完整且強大的決策流程，什麼時候能用精簡的流程加速進展。紮實了解結構完整的決策流程後，才能知道什麼時候可以走捷徑、如何走捷徑，因此這些內容會在本書較後面的章節才會提到。

能分辨在怎麼樣的情況下節省時間，也是最佳決策流程的一部分。

本書最後幾章會提出較有效率的方法，方便各位找出在前進道路上的阻礙，並提供活用他人知識與資訊的工具，包括探詢其他人的意見回饋，以及避免團隊決策容易犯的錯誤，特別是團體迷思。

做出好決策的高效訓練

本書有許多訓練、思想實驗和樣版，以鞏固書中提出的心智模式、架構和決策工具。

這些練習並非必要，就算沒有按照提示充分互動，依然可以有豐碩的收穫，但是動筆一一測試可以學到更多。書中的訓練、工具、定義、表格、追蹤、習作、摘要和檢查清單，都是為了方便持續參照，並且以能夠影印、重複使用、分享與重新檢視為目的而設計。

書中提到的許多概念是建立在先前章節的概念之上，所以如果按照內容呈現的順序閱讀，收穫最為豐碩。不過，各章內容仍然各自獨立，可以任意跳到覺得有趣的章節閱讀。

站在巨人的肩膀上

本書集結許多將畢生奉獻於研究決策與行為的專家，綜合、轉譯並實際應用心理學、經濟學與其他學科的偉大思想家、科學家的理念。如果本書對改善決策與詮釋牛頓等人有所貢獻，都有賴於站在巨人肩膀上使我獲得助益。

正文各處和謝詞中，散落著這些領域的科學家和專業人士

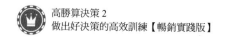
的心血，如果你對任何一項概念感興趣，除了參考這些出處來
源，還可以看看參考資料，以深入研究我輕描淡寫帶過的主題。

第 1 章

不讓結果論
搞砸下一次決策

　　本書的訓練都是為了幫助你釐清自己處理資訊
的方法。想要有所收穫，在回答時，應聽從自己的
第一直覺，而非努力想出「正確答案」。沒有正確
答案，只有看穿自己想法的洞察力。

01 該不該辭職，換工作？

✏️ **決策訓練**

1. 想像你辭掉工作，換到新公司。

   結果新工作非常好。你很喜歡同事，工作也非常滿意，而且不到一年就升遷。

   辭職接受新職務的決定是好的嗎？勾選一個答案。
   □ 是　□ 否

2. 想像你辭掉工作，換到新公司。

   結果新工作是一場災難。你痛苦不堪，而且不到一年就被解僱。

   辭職接受新職務的決定是好的嗎？勾選一個答案。
   □ 是　□ 否

只憑結論就判斷決策的好壞

我猜你直覺認為,在第一種情況中,辭職的決定是好的,第二種情況就不是一個好決定。難道未來工作發展得很好,辭職的決定就是好的?如果發展不順利,肯定是決策做得不好?

關鍵是,在兩種情況中,我沒有提供任何有意義的資訊,說明究竟運用什麼流程達成決策。我給的訊息只有兩點:

1. 下決定的基本敘述,而且一模一樣。
2. 最後的結果如何。

儘管其中沒有提及決策流程的細節,當我提到事情後來的發展,你彷彿真的知道決策究竟是好是壞。

結果論的現象隨處可見

決策的結果會成為透露流程品質的重大線索,因此即使針對決策的描述一模一樣(你辭掉工作,換到新公司),你對決策的看法也會隨著結果的變化而有所不同。

這種現象在各種領域隨處可見:

- 你買進一支股票，價格翻漲 4 倍，感覺這是個好決策。你買進一支股票，結果股價跌到 0，感覺這是個糟糕的決策。
- 你花了 6 個月努力爭取新委託人或顧客，結果他們成為你最大的客戶，感覺自己充分利用時間，並做出優秀的決定。你同樣花 6 個月努力爭取客戶，卻始終沒有完成交易，感覺是在浪費時間，而且是個糟糕的決定。
- 你買了一棟房子，在 5 年後賣出，價錢比當初高 50％，這個決策棒極了！你買了一棟房子，在 5 年後賣出，結果房子的房貸金額高於房屋價值，這個決策糟透了！
- 你開始做混合健身（CrossFit），2 個月後，你的體重下降，肌肉量增加，這個決定棒極了。但如果你練 2 天肩膀就脫臼，這個決定真糟糕。

不管什麼領域，結果的尾巴都在擺動決策這隻狗，稱做「結果論」（resulting）。

結果論指根據結果的好壞推論決策的優劣，心理學家稱此為「結果偏誤」（outcome bias），但我喜歡用更直觀的名詞「結果論」。人們會用結果論這個捷徑，是因為決策的好壞無法清楚「看出」，但是事情發生之後，可以清楚看到結果是好是壞。結果論是將複雜的決策品質評估簡化的一種方式。問題

是，簡單未必比較好。

決策品質和結果好壞當然有關聯，但是不完全相關，至少我們做的大多數決定中沒有關聯，只做過一次的決策，更能肯定沒有相關。可能要經過很長一段時間，才會逐漸顯露兩者間的關係。

光看單一的例子（辭掉工作，結果很慘），很難判斷這是否為決策品質導致的結果。有時候我們做了好決定，最後結果也是好的，但是有時候做了好決定，最後結果卻不好。

你可能闖紅燈過十字路口卻毫髮無傷，你可能在綠燈行駛卻遇上車禍。

結果論代表從單一結果倒推回去判斷決策的好壞，容易得出拙劣的結論，可能會讓你以為闖紅燈是個好主意。

從經驗中學習，是成為優秀決策者的必要因素。經驗包含可改善未來決策的教訓，但結果論會讓你學到錯誤的教訓。

高勝算決策

結果論：以結果來考慮決策品質的一種心智捷徑。

---

02 決策資訊不足讓大腦腦補

在前文的練習中，我提供的資訊，不足以推斷決策的好壞。你的大腦也許像出現視錯覺（visual illusion）時一樣，在閒來無事時會腦補，但並不代表在這類情況下，結果論能得出好結論。如果不是恰巧知道了結果，腦子自動腦補，我們或許能從決策的經驗中學到更多。結果論說不定就是受限於決策相關資訊不足。

然而，倘若資訊充足，就不會出現結果論嗎？我們用另一個例子，看看填補腦中的空白後會如何。

✎ 決策訓練 ⋯⋯⋯⋯⋯⋯⋯⋯⋯⋯⋯⋯⋯⋯⋯⋯⋯⋯⋯⋯⋯⋯

1. 你買了一輛電動車，而且你非常喜歡。這輛車是由一位受到眾人讚譽有遠見的科技天才所製造的。體驗過這輛車後，你買了該公司的股票。2 年後，股票飆漲，你的投資增加 20 倍的價值。

   給這項投資決策的品質評分，圈出你的分數，0 是非常差，5 是非常好。

| 非常差 | 0 | 1 | 2 | 3 | 4 | 5 | 非常好 |

寫下你給分的理由：

_____

_____

_____

2. 你買了一輛電動車，而且非常喜歡。這輛車是由一位受
到眾人讚譽有遠見的科技天才所製造的。體驗過這輛車
後，你買了該公司的股票。2年後，該公司破產倒閉，你
的投資賠光了。

給這項投資決策的品質評分，圈出你的分數，0是非常
差，5是非常好。

| 非常差 | 0 | 1 | 2 | 3 | 4 | 5 | 非常好 |

寫下你給分的理由：

_____

_____

_____

結果會影響人們如何解釋過程

多數人會根據結果的好壞，對為何買進股票的細節有不同的解釋。

如果結果是好的，很有可能以正面角度詮釋決定投資的細節，比如說：親身體驗過產品應該是買股票的關鍵，畢竟喜愛這輛車的除了你，可能還有其他人。此外，眾所周知，科技天才能成功，而這間公司又是由他經營的，因此買進股票可能是個好投資。

但是如果公司最後失敗，得到的糟糕結果可能會讓你用不同的角度看待同樣的細節。以下幾種論點可能是你會有的說法：其實根據親身體驗挑選股票，不能取代真正的盡職調查 *（due diligence）。他們有獲利嗎？他們能獲利嗎？債務負擔有多少？他們獲利前，是否有管道取得資本？他們的產能跟得上需求嗎？或許為了讓如你這般的消費者感到滿意，他們每一筆銷售都要賠一大筆錢。

這些道理當然不限於投資決策。

你辭掉工作加入一間前景看好的新創公司，因為對方願意提供給你股權，後來這間公司成為下一個谷歌（Google），加

---

* 在進行交易或簽署合約前，依照特定的標準，調查交易或簽約的相關人士或公司。

入這間公司的決定非常棒！你辭掉工作加入一間前景看好的新
創公司，因為對方願意提供給你股權，公司 1 年後失敗了，你
失業 6 個月，還花光積蓄，加入這間公司的決定真糟！

　　你為了跟高中的心上人上同一所學校，選擇就讀某間大
學，後來你以優異成績畢業，和高中心上人結婚，還找到令人
稱羨的工作。挑選那間學校的決定好像做得很不錯。

　　你為了跟高中的心上人上同一所學校，選擇就讀某間大
學，結果你們不到 6 個月就分手。你決定轉換科系，但是學校
為了這個學科開設的課程並不如你的理想，而且你很不喜歡學
校所在的城鎮。等到一學年結束，你決定轉學。挑選那間學校
的決定好像很糟。

　　雖然這些案例中，決策流程的相關細節一模一樣，我們對
決策的看法卻還是受到結局好壞的影響，因為結果的品質會驅
動我們對這些細節的詮釋。

　　那就是結果論的威力。

決策能力被結果蒙上一層陰影

　　如果結果不好，很容易只看到暗示決策流程欠佳的細節。
我們認為自己理性看待決策品質，因為不良的過程顯而易見。

　　一旦結果翻轉，我們就會低估或重新詮釋決策品質的相關資訊，因為結果驅使我們改寫一篇符合結局的故事。

我們理解決策品質的能力，被結果的好壞蒙上一層陰影。

圖表 1-1　理解決策品質的能力被結果的好壞蒙上陰影

　　我們希望結果和決策的品質一致，希望世界朝這個方向發展，而不是像現在這般雜亂無章。但我們在努力追求這種一致時，卻忽略了大部分決策都有許多可能的發展方向。

　　經驗本來應該是我們最好的老師，但有時我們硬是將結果和決策的品質拉上關係，結果扭曲人們從經驗學習的能力，無法徹底活用經驗，來評估哪些決策好、哪些不好。

　　結果論讓我們的水晶球變得模糊不清。

高勝算決策

未來的可能性不是只有實際發生的那一種。

✏️ **決策訓練**

現在你知道什麼是結果論了，想想生活中有什麼結果論的
經歷，並在下方描述情況。

_____

_____

_____

如果你想要例子，請回到本書的閱前提問：去年你做得最
好和最差的決定是什麼？請你寫下這些，是因為多數人對於什
麼是最好或最壞的決定不會想太多，通常會先回想最佳與最差
結果，再從結果倒推回去。

那就是結果論。

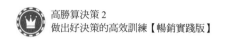
03 決策矩陣：
運氣是干擾結局的關鍵

　　任何決策在未來都可能有不同的發展，有些比較好，有些比較差。當你做出一項決策，即使你不知道它們最後會通往何處，還是會出現一些可能的方向，而某些走向則不復存在。你做的決策，會決定走向哪一種發展、出現某結果的可能性有多大，但並不會決定真正發生的是哪一種結果。

　　優秀的決策者善於預測更可能發生的那組未來。本書的目的是為了磨練你的能力，讓你的能力更接近擁有水晶球。但是就如同算命師會給人們的告誡：「未來一片模糊。」即便有了如水晶球般的預測能力，仍無法確定未來最終的發展方向。

　　換句話說，有個重要因素會影響人生的結局 —— 運氣。

　　運氣是干擾決定（限定出一個可能結果的範圍）和實際結果之間關係的因素。

高勝算決策

在你做出決定後，運氣會影響最後結果的可能方向，是無法控制的要素，卻決定了你在短期內觀察到的可能結果。

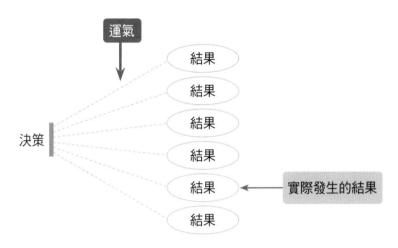

圖表 1-2　影響決策結局的因素

　　任何決策只會導向一組可能的結果 —— 好的結果、不好的結果、不好也不壞的結果。所以代表好的結果可能源自好的決策，也可能出自壞的決策，同理，壞的結果可能出自好的決策，也可能源於壞的決策。

　　可以參考圖表 1-3，想像決策品質和結果品質的關係。

圖表 1-3　決策品質和結果品質的關係

1. 應得的報酬：你做了優質的決定，得到良好的結果，就像你在綠燈時通行，安全通過十字路口。

2. 狗屎運：你做了糟糕的決定，卻得到好的結果。你可能正在等紅綠燈，但因為深深沉醉在全世界最重要的推特（Twitter）推文中，沒注意到號誌變綠燈，仍然待在原地沒有通過十字路口。另一向的駕駛卻無視紅燈，高速闖過十字路口，於是你避開一場車禍。但開車時看推特，並不會因此就成為一項好決策，只是運氣好。

3. 運氣差：你做了優質的決策，結果卻不好。你在綠燈時通行，卻和某個超車的駕駛發生交通事故。雖然結果不好，但不代表你遵守交通規則的決定是不好的。

4. 報應：做了差勁的決策導致不好的結果，就像闖紅燈發生事故。

　　每個人的過往決策，顯然都有能分成這 4 大類的例子。有時候決策很好，結果也很好，有時候因為運氣差而礙事，有時候不好的決策造成極差的結果，有時候你卻很好運。

　　但結果論可能導致你忽略運氣對事情演變的影響。

　　一旦知道結果是什麼，看待事情的角度彷彿只有「應得的報酬」或「報應」兩類，「運氣差」和「狗屎運」消失到陰影之中（見圖表 1-4）。

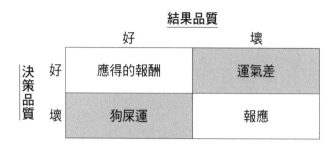

圖表 1-4　結果論會使人忽略運氣的影響

如果想從經驗中學習，那些陰影可能讓你學到很多不好的教訓。

當你做一個決定只有 10％ 機率會出現不好的結果，但因為結果論，即使成功的機率有 90％，最終你遇到導致不好結果的那 10％，可能還是會認為是決策不好。即使決策是好的，但經驗也會教你未來不要再做那樣的決定。

這便是結果論的代價。

決策訓練 ···

在矩陣的所有空格填入生活中的例子，藉此跳出結果論的陰影。

1. 想想有哪件事情進展順利，而你也認為自己的決策很好。在「應得的報酬」空格簡單描述情況。

2.想想有哪件事情進展不順利，但你認為自己的決策很好。在「運氣差」空格簡單描述情況。

3.想想有哪件事情進展順利，但你認為自己的決策相當差。在「狗屎運」空格簡單描述情況。

4.想想有哪件事情發展得相當糟糕，你也認為自己的決策相當差勁。在「報應」空格簡單描述情況。

結果品質

	好	壞
好	應得的報酬	運氣差
壞	狗屎運	報應

決策品質

04 區分結果品質與決策品質的關聯

 決策訓練

我們繼續深入挖掘，決定和最終結果品質不一致的決策——「運氣差」和「狗屎運」。

1. 你認為可歸類為「運氣差」的結果是什麼？

_____

寫下幾個你認為儘管結果不好，但決策很好的理由。這些理由也許是發生不好或不滿意結果的可能性，也可能是做決策時參考的資訊，或你詢求意見的品質。

_____

_____

至少列出 3 個理由，說明為什麼決策好，結果卻不好。有什麼事情是超出你的控制，或有什麼是超出原來決策流程的預料？

_____

根據你做的決策，至少還有哪 3 種其他的可能性？

2. 你認為可歸類為「狗屎運」的結果是什麼？

寫下幾個你認為結果雖然好，但決策欠佳的理由。

至少列出 3 個理由，說明為什麼決策不好，結果卻很好。有什麼事情是超出你的控制，或有什麼是超出原來決策流程的預料？

根據你做的決策,至少還有哪 3 種其他的可能性?

_____

_____

_____

3. 「運氣差」和「狗屎運」中,哪一個比較容易想到例子?圈選一個答案。

運氣差　　　　　狗屎運

為什麼你認為另一個比較難想到例子?

_____

_____

_____

認真看待運氣的影響力

多數人會將壞結果歸咎於運氣差,因為會比將好結果歸功於運氣好還要容易。

發生不好的事情,要是發現錯不在你,難免感覺欣慰放

心。運氣讓你有理由擺脫困境，儘管結果不盡如人意，卻仍感覺自己的決策不差。運氣給你一個藉口，也對你的自尊有幫助，即使事情不順利，仍讓你用正面的角度看待自己。

另一方面，將好結果歸功於自己的感覺很好。如果承認是運氣創造出正面結果，等於是放棄自覺聰明與掌握一切的美好感受。遇到好的結果，承認是運氣的作用，會妨礙你的自我敘事。

想要成為更好的決策者，有必要透過決策矩陣積極探索決策品質和結果品質的相互關聯。

雖然我們很難放棄將好事的功勞據為己有，但長期來說是有必要的。稍加留意原本忽略的運氣，小小的調整將會對人生帶來很大的影響。這些微小的調整，就像複利計算的利息，為未來的決策帶來大筆紅利。

經驗可以教給你很多改善決策的方法，但唯有仔細傾聽才學得到。**培養區分結果品質和決策品質的素養，才能幫助你了解哪些決策值得重複、哪些不值得。**

高勝算決策

如果不多提醒，我們只會注意到某些運氣差的情況，忽略大部分狗屎運的情境。

05 避免決策都犯同樣的失誤

如果你硬是將決策品質和結果品質拉上關係，就有可能重蹈覆轍，再次犯下因為運氣獲得好結果的決策失誤，也可能避開因為運氣得到壞結果的好決策。

當結果和決策的品質不一致時，結果論對學習的影響最為明顯。

有一個很重要但容易被忽略的關鍵 ——「**應得的報酬」也有可以學習的地方。**

決策訓練 ·············

1. 回到第 3 節填寫的表格。你認為「應得的報酬」結果是什麼？

   _____

   說出幾個你認為自己決策良好的理由。那些理由可能是出現不好或不滿意結果的可能性，也可能是做決策時參考的資訊，或你詢求意見的品質。

_____

_____

_____

現在花點時間想想這個決策還有什麼可以改進的地方，
考慮以下幾個問題：

① 做決定前，你能得到更多或更好的資訊嗎？
　　□是　□否

② 你能更快做出決定嗎？　　　　　　　　□是　□否

③ 你能花更多時間做這個決策嗎？　　　　□是　□否

④ 是否有事後得知的資訊，若事先知道可能因此改變
　　決定？　　　　　　　　　　　　　　□是　□否

⑤ 還有比你得到的結果更好的可能嗎？　　□是　□否

⑥ 如果有，要是你做了不同的決定，會增加那些結果發
　　生的機率嗎？　　　　　　　　　　　□是　□否

⑦ 如果必須重來，你能想出做不同決定的理由嗎？
　　□是　□否

⑧ 如果必須再來一次，即使可能做出同樣的決定，你能
　　想出改善決策流程的方法嗎？　　　　□是　□否

2.在下方反思「是」的答案：

_____

_____

_____

_____

_____

_____

3.檢視決策品質和結果品質一致的案例，與檢視兩者不一致的案例同樣重要。以「應得的報酬」來說，你可能做了好決策，最後得到好結果，但是檢視這些決策，依然可以找到有價值的心得，「報應」也是一樣的道理。

花一點時間回顧這個練習，並思考如何將同樣的問題，套用在結果品質和決策品質都欠佳的時候。

無論結果好壞，都能從經驗中改善

即使決策做得好，也不代表就是最好的。其實，能達到最好的情況很少，但努力改善，就表示願意對抗好決策與好結果

帶來的自滿。

從經驗中學習，才能繼續做出更好的決策。結果論會妨礙人們琢磨眼光，不僅無法達到如水晶球般的清晰敏銳，還因為漏掉可從過去學習的教訓，使人們更拙於預測未來。

結果論有個不明顯的代價，當決策和結果的品質一致時，你不會質疑自己的評估，尤其是在進展順利時，你更不會去檢驗決策，只是聽從直覺：「沒什麼好檢視的。」

高勝算決策

不要以為在歡喜慶祝的勝利中，沒有珍貴的教訓。

06 重新反思最好與最壞的決定

決策訓練 ⋯⋯⋯⋯⋯⋯⋯⋯⋯⋯⋯⋯⋯⋯⋯⋯⋯⋯⋯⋯⋯⋯⋯⋯⋯⋯⋯⋯

回到本書開端的閱前提問 —— 最好與最壞的決定。

你現在對那些答案有什麼感覺？改變想法了嗎？經過深思熟慮，那些真的是你最好和最壞的決定嗎（沒有受到結果論的影響）？能更清楚看出結果的品質對你的答案有什麼影響嗎？

在下方反思，再納入其他可能列入最好或最壞決定的考慮選項。

_____

_____

_____

_____

_____

_____

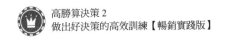

結果論讓人缺乏同情心

結果論會讓我們缺乏同情心。

如果有人遇到不好的結果,我們卻依據結果論判定他們的決策差,也就輕易地將責任歸咎於他們。不需要有同情心,因為從結果來看就是他們的錯。

不只是針對其他人,自己在做推論時,也會缺乏自我同情。當事情沒有按照期望發展,便痛責自己。

遇到好結果時,我們或許會因為事情順利而忽略錯誤,也就沒有任何收穫。如果我們只是根據事情的進展,評定自我價值和學習教訓,而不是根據當時情況判斷是否做出好決策,絕對是對自己的傷害。

07 摘要：
不讓結果論搞砸下一次決策

這些練習是為了讓你思考以下的概念：

1. 結果論是看結果的好壞，來斷定決策究竟是好是壞。

2. 結果會使決策流程蒙上一層陰影，導致你忽略或扭曲與流程相關的資訊，硬生生連結決策品質和結果品質。

3. 任何決策品質和結果品質，短期來看只有鬆散的關係。即使兩者有關聯，可能也需要很長一段時間才會顯現其中的關係。

4. 運氣是介入決策與實際結果的干擾因素。結果論會使你低估運氣的影響。

5. 因為運氣的影響，很難從單一結果看出決策的品質。

6. 做決策時，幾乎很難保證最終結果的好壞，應該以選出能達成最有利結果範圍的選項為目標。

7. 要做出更好的決策，是從經驗中學習。結果論會妨礙學習，導致你重複某些劣質的決策，也不再做出某些優質的決策，還會阻礙你檢視優質或有著好結果的決定，妨

礙反思劣質或有著壞結果的決定，但這些決策其實還是能提供寶貴的教訓，當作未來的參考。

8. 結果論會使我們對待他人與自己皆缺乏同情心。

檢查清單

□ 結果對你判斷決策的品質，或你觀察別人的判斷時，有多少蒙蔽作用？

□ 就算是先做出壞決定才發生壞結果，過程中是否也能找到一些好的決策？你能在達成決策的流程中發現優點嗎？

□ 就算是做出好決定才收穫好結果，過程中是否有可改善決策的地方？你能發現決策流程中可改進的地方嗎？

□ 包括別人的行為在內，超出決策者控制的因素有哪些？

□ 可能方向還有哪些？

專欄 片商放棄賣座電影是錯誤決定？

《星際大戰》（*Star Wars*）有著傳奇般的成功。原始電影耗資 1,100 萬美元製作，總票房超過 7.75 億美元。但這只是冰山一角，還有額外 11 部票房賣座的電影（至於全世界總票房，即使 40 年前的數字不計入通貨膨脹，截至 2020 年初，也超過 103 億美元）、龐大的相關商品產業和主題公園。此外，迪士尼（Disney）於 2012 年更以 40 億美元買下電影授權。

美國電影製片公司聯藝（United Artists），是第一個有機會參與《星際大戰》的廠商，但後來放棄了。

在國際上最有影響力的坎城影展（Festival de Cannes）上，聯藝看了美國電影導演喬治・盧卡斯（George Lucas）的科幻電影《五百年後》（*THX 1138*），與盧卡斯簽下 2 部電影約。

聯藝在盧卡斯提出《星際大戰》時放棄了，此前不久，他們也放棄盧卡斯提出的《美國風情畫》（*American Graffiti*），結果這部電影後來成了超級大熱片。

其他幾家製片廠也拒絕了《星際大戰》，包括環球影業（Universal）和迪士尼。環球影業後來藉由發行《美國風情畫》大賺一筆，而迪士尼在 1970 年代初期不願買單《星際大戰》，35 年後，付出將近當年的 400 倍，才得以加入這部系列電影。

　　大部分人們認為聯藝、環球和迪士尼各自犯下巨大的錯誤。在眾多報導這部系列電影長期發展的網站中，美國有線電視頻道 Syfy Wire 代表著典型的觀點，如此評論聯藝的決策品質：「別忘了，這家製片廠就是忙著發行另一部粉紅豹（Pink Panther）續集，所以對不保險或根本沒差的電影不太感興趣。」

　　《星際大戰》的誕生之艱難，也是使美國已故傳奇小說家兼電影編劇威廉‧古德曼（William Goldman）關於好萊塢的名言，一再被大家提及的主要原因之一。

　　「我們都是一無所知。」

　　這些都是很容易歸納的結論，幾乎人人都能說出一二。不過，下這樣的結論忽略太多地方。利用以下的提示方法可以發現，做出「放棄《星際大戰》是巨大錯誤」的總結，是結果論：

1. **決策可能會有的其他方向**：即使不太了解電影業，但我們也能知道，一部還在概念雛型的電影會遇到種種狀況，就像盧卡斯提案《星際大戰》時一樣。也許他提出的電影概念聽起來很棒，但是花費 1,000 萬美元執行後的結果很糟糕，如：一位大咖明星都沒有、演員陣容不同，電影可能會失敗、觀眾可能自認對科幻電影不感興趣，電影上映後

沒有觀眾進場，導致事業衰退。

2. **被忽略或是不為人知的資訊**：我們無從得知盧卡斯提案《星際大戰》時，製片廠做了什麼樣的決策。接手這部電影的二十世紀福斯（Twentieth Century Fox，現稱二十世紀影業），種種作為不像篤定握有一部穩操勝券的成功系列電影。盧卡斯和福斯的高階主管曾在訪談中提到，製片廠搞不懂盧卡斯究竟想做什麼，即使他們覺得那像是個瘋狂的計畫，製片廠主管還是對盧卡斯說：「這個我不懂，但我很喜歡《美國風情畫》，所以隨便你怎麼做。」

3. **根據結果對決策流程做出不合理的推斷**：我們明明沒有看過這些製片廠做過其他放棄電影的決策，但是卻從單一結果認定製片廠的決策很高明。

4. **缺乏數據對決策的好壞做總結**：沒有看到製片廠的完整電影安排計畫或買進和拒絕電影的評估前，皆是以不充分的資訊做總結。

重點是，很難根據結果總結決策的品質。單一結果不應該與大量數據（例如：製片廠高階主管做的所有決策和整體成績），或更優質的數據（如：製片廠看到的決策）等量齊觀。

第 **2** 章

後見之明
扭曲你對結果的心態

08 換工作之後會如何？

✏ 決策訓練

1. 你在美國佛羅里達州（Florida）長大，到喬治亞州
   （Georgia）上大學。一畢業就有兩個工作機會，一個在
   喬治亞，一個在波士頓（Boston）。

   波士頓的工作發展機會更好，但你非常擔心新英格蘭
   （New England）的天氣，畢竟你在南方長大。2 月時，
   你造訪波士頓觀察當地冬天的氣候，認為似乎不算太
   糟，不至於為了天氣放棄較好的機會。於是你接受波士
   頓的工作。

   結果你過得悽慘痛苦。第一年冬天，才剛換季不久，你
   就無法忍受寒冷和幽暗，儘管這份工作是你夢寐以求
   的，在來年 2 月，你還是辭去工作，搬回家鄉。

   勾選出你回到家鄉後，你可能對自己說，或別人可能對
   你說的話：

   □ 朋友說：「我就知道你會討厭那裡（他們先前並沒有
   　 說過）。」

☐我早該料到，那份工作根本沒有好到要忍受寒冷。

☐我早該知道自己無法忍受冬天。明明知道自己很討厭
　寒冷，畢竟我在南方長大。

☐我就知道應該接受喬治亞的工作。

☐朋友說：「我就知道不到一年你就會回家。」

我們的生活中都有這種「我早就告訴你」的人，無論他們
實際上有沒有這麼說過。而且多數人都相當擅長打擊自
己，納悶情況明明顯而易見，自己竟然沒看見。那也是為
什麼多數人會納悶：「為什麼沒有『以上皆是』的選項。」

2. 你在佛羅里達州長大，到喬治亞州上大學。一畢業就有
　兩個工作機會，一個在喬治亞，一個在波士頓。

　波士頓的工作發展機會更好，但你非常擔心新英格蘭的
　天氣，畢竟你在南方長大。2 月時，你造訪波士頓觀察當
　地冬天的氣候，認為似乎不算太糟，不至於為了天氣放
　棄較好的機會。於是你接受波士頓的工作。

　結果你喜歡得不得了！冬天沒什麼大不了。其實，你非
　常喜歡下雪，甚至還成為狂熱的單板滑雪愛好者。再加
　上，這份工作完全是你夢寐以求的。最後，你長期留在
　波士頓。

你有沒有可能這樣對自己說:「我不敢相信竟然因為太擔心天氣,差點跟這份工作擦身而過。我早該知道天氣沒什麼大不了的。」

非常不可能　　0　1　2　3　4　5　　非常可能

身邊的人有沒有可能這樣說:「我就跟你說沒事的,就知道你會喜歡!你早該知道,天氣跟感到幸福快樂沒有太大的關係(他們先前才沒有說過這些)。」

非常不可能　　0　1　2　3　4　5　　非常可能

我猜你的直覺反應是,兩者的可能性都相當高。

結局會竄改過去的記憶

顯然無論最後結果如何,關於選擇哪個工作的決定是相同的:你認為波士頓的工作比較好,但是天氣對整體的幸福感有多大的影響?

為難的地方在於,你不曾完整體驗過新英格蘭的冬天,所以在親身體驗冬天之前,無從得知這個問題的答案。

搬到波士頓的決定讓你掙扎焦慮。你討厭那裡,你怎麼可

能不知道？

搬到波士頓的決定讓你掙扎焦慮。你喜歡那裡，你又怎麼可能不知道？

同樣的決定，相反的結果。但不管是喜歡還是討厭波士頓，你都覺得自己早該知道事情會那樣發展。無論如何，你覺得會有這樣的結果是不可避免的。不管怎麼樣，你的朋友都會說：「我就知道！」

你當然不可能知道你會討厭那裡，同時又知道你會喜歡那裡，但事情發生後，我們所有人都會有這種感受。

這種感覺到底是怎麼一回事呢？這便是後見之明偏誤（hindsight bias）的作用。

當你做一項決策，某些事情是你知道的，其中也有你不知道的事。你絕對無法知道在所有可能發生的結果中，最後真正發生的是哪一個。

但是等到事後，你知道真正發生了什麼事，你可能覺得自己早該知道，或者一直都知道。**真正的結果影響你的記憶，將決策當下你所知的資訊，蒙上一層陰影。**

結果
你在決策當時
了解的資訊

圖表 2-1　結果影響你的記憶，將你的所知蒙上陰影

結果論讓你以為，你能判斷一項決策的好壞，是因為你知道最終的結果是好還是壞。

後見之明偏誤又加劇了知道結果導致的混亂，會從兩方面扭曲你對做出決策時所知資訊的記憶：

1. 你確實知道會發生什麼事：將決策當時的真正看法，換成有瑕疵的記憶，遷就你在得知結果後的認知。
2. 你應該（或可能）早知道會發生什麼事：已經到了可預測或無法避免的程度。

當然，後見之明偏誤不只會出現在你看待自己的決策，當你看待其他人的決策，以及其他人看待你的決策，也都會出現這種情況。

比起一輩子悔恨地想著：「自己應該早點知道。」你知道

什麼情況更糟糕嗎？除了悔恨，再加上人人都對你說：「早就
跟你說了。」

> **高勝算決策**
>
> 後見之明偏誤：容易在事件發生後，相信事情是可預測或
> 無法避免的，又稱為「早就知道」思維或「潛在認定」
> （creeping determinism）。

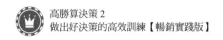

09 揪出事後諸葛的好方法

你買進加密貨幣，結果投資價值翻了 5 倍。你對朋友說：「我早就跟你說過，你也應該投資的！」

加密貨幣暴跌，你賠光所有投資，並氣惱不已地對自己說：「早知道要在高點賣掉！」

你竭盡全力要促成一筆交易，結果交易破裂。你自責地怪自己：「早該知道不要逼迫得太緊。」沒幾週，顧客回頭接受你的交易條件，你就知道這個方案很優秀，而且對每個願意聽你分享的人說：「我早就說過了！」

捕捉言談中的線索

前文的例子中，沒有明顯的口語或心理提示，暗示有結果論存在。我們很少聽到別人坦白直說：「那項決策實在糟透了，因為我從慘烈的結果倒推回去，判定決策很差勁。」

不過，前文例子中有明顯的暗示後見之明偏誤，例如：「我不敢相信竟然沒有看到那一點」、「我就知道」、「我早

就跟你說了」或「我早該知道」等。

訓練自己傾聽這些心理和口語提示，是磨練辨別後見之明偏誤能力的好方法。

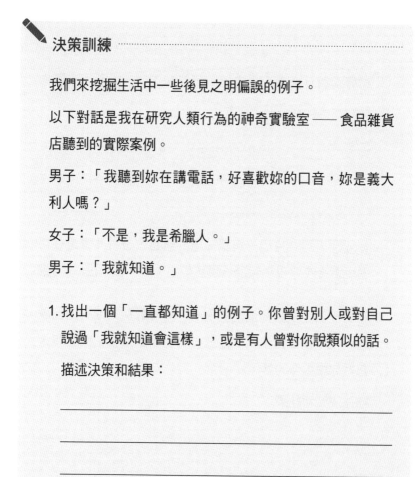

決策訓練 ⋯⋯⋯⋯⋯⋯⋯⋯⋯⋯⋯⋯⋯⋯⋯⋯⋯⋯⋯⋯

我們來挖掘生活中一些後見之明偏誤的例子。

以下對話是我在研究人類行為的神奇實驗室 ── 食品雜貨店聽到的實際案例。

男子：「我聽到妳在講電話，好喜歡妳的口音，妳是義大利人嗎？」

女子：「不是，我是希臘人。」

男子：「我就知道。」

1. 找出一個「一直都知道」的例子。你曾對別人或對自己說過「我就知道會這樣」，或是有人曾對你說類似的話。

   描述決策和結果：

   ＿＿＿＿＿＿＿＿＿＿＿＿＿＿＿＿＿＿＿＿＿＿＿

   ＿＿＿＿＿＿＿＿＿＿＿＿＿＿＿＿＿＿＿＿＿＿＿

   ＿＿＿＿＿＿＿＿＿＿＿＿＿＿＿＿＿＿＿＿＿＿＿

你對自己或別人說了什麼？有哪些心理或口語提示，顯示後見之明偏誤的影響？

_____

_____

你覺得有什麼事，是自己一直都知道的，或別人告訴你他們一直都知道的是什麼？

_____

_____

_____

你或別人認為自己一直都知道的訊息，是否其實是在事過境遷後才浮現？勾選一個答案。　　　□是　□否

2. 找出一個「早該知道」的例子。你曾對別人或對自己說過「我早該知道」、「你怎麼會看不出來」，或是有人曾對你說類似的話。

描述決策和結果：

_____

_____

你對自己或別人說了什麼？有哪些心理或口語提示，顯示後見之明偏誤的影響？

_____

_____

_____

有什麼是你或其他人認為你或他們應該知道的？

_____

_____

_____

你或別人認為早該知道的訊息，是否其實是在事過境遷後才浮現？勾選一個答案。　　□是 □否

後見之明偏誤創造新記憶

一般人認為自己「知道」的事，最普遍為事後才顯露的消息，特別是真正發生的結果。

記憶潛變（memory creep）是後見之明偏誤創造的記憶，

重建你對所知資訊的記憶。

高勝算決策

記憶潛變：你在事後得知的事，悄悄潛入你在事前所知資訊的記憶之中。

重點是，如果對過去的記憶有誤，你從經驗中學到教訓的用處就不大。還可能會帶來兩方面的問題：

1. 你不記得決策當下所知道的資訊，就很難判斷一項決策的好壞。要評估決策的品質並從經驗中學習，必須誠實判斷自己的心理狀態，並儘量準確回想哪些資訊是可知的，又有哪些是不可知的。

2. 後見之明偏誤讓你覺得，結果比實際情況更可預料，可能導致你重複某些劣質的決策，並且不再做出優質決策。

後見之明偏誤可能將水晶球變成哈哈鏡。

10 把決策前後的資訊可視化

　　我們的記憶沒有時間戳，不像開電腦檔案時，可以看到「建立日期」和「修改日期」。很遺憾，人的大腦不是這樣運作的。

　　如果不加干預，你對決策當時所知資訊的記憶，可能會在得知決策的結果後被扭曲。然而，決策前所知的資訊是可以花時間重建的，並區分出事後顯現的情況，這對於糾正記憶潛變很有幫助。

　　我們可以使用認知追蹤（Knowledge Tracker）將決策前後的資訊可視化（見圖表 2-2）：

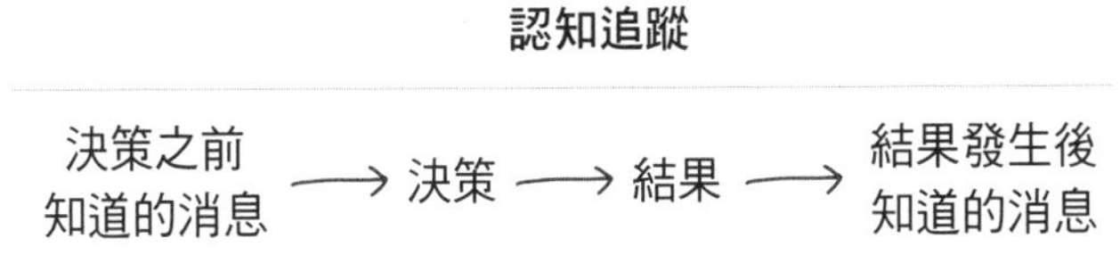

認知追蹤

決策之前 　　　　決策 ───→ 結果 ───→ 結果發生後
知道的消息 ───→ 　　　　　　　　　　　　　知道的消息

圖表 2-2　認知追蹤架構

　　決策之前知道的消息，指做決策時掌握的所有消息和見解，也就是會影響你做決策的事。

　　結果發生後知道的消息，包含決策之前知道的一切，以及

做完決策後得知的新消息。這個格子的目的是，記下未來情況揭曉後，才顯露的新資訊。

利用認知追蹤，藉由釐清決策當下的所知與不知，減少後見之明偏誤。詳細列出所知的訊息與什麼時候知道，可避免事後顯現的消息，在不知不覺中潛入事前的記憶中。

決策訓練

現在，請你以生活中找到的後見之明偏誤例子，應用認知追蹤。找出 3 件影響決策的關鍵要素，接著描述決策和結果，再找出事後才顯現的 3 件事。

以下以接受波士頓工作的決策為例，應用認知追蹤。這是你搬到波士頓，卻在 6 個月後辭職的可能情況：

認知追蹤			
決策之前知道的消息	決策	結果	結果發生後知道的消息
1. 波士頓的平均溫度、冬天的長短與降雪量。 2. 工作的細節。 3. 2 月造訪時的體驗。	→ 接受波士頓的工作	→ 6 個月後辭職	→ 1. 實際在波士頓度過冬天的感受。 2. 對工作的喜愛程度。 3. 6 個月後辭去工作，搬回家鄉。

以下是你搬到波士頓，結果度過美好冬日樂園的可能情況：

認知追蹤			
決策之前 知道的消息	決策	結果	結果發生後 知道的消息
1. 波士頓的平均溫度、冬天的長短與降雪量。 2. 工作的細節。 3. 2 月造訪時的體驗。	接受波士頓的工作 →	留下繼續工作 →	1. 實際在波士頓度過冬天的感受。 2. 你成為厲害的單板滑雪高手。 3. 長期留在波士頓。

現在，用你的後見之明偏誤例子填寫認知追蹤：

認知追蹤			
決策之前 知道的消息	決策	結果	結果發生後 知道的消息
1.			1.
2.	→	→	2.
3.			3.

追蹤結果出現前後，你掌握消息的狀態，是否有助於減少記憶潛變？　　　　　　　　　　□ 是　　□ 否

追蹤掌握消息的情況，是否能讓你看出，某些事情即使覺得自己早該知道，事實上你不可能知道？　　□ 是　　□ 否

在下方進一步反思使用認知追蹤的體驗。

_____

_____

_____

_____

_____

分清事前知道和事後情況

你難免會有「一直都知道」和「早該知道」的直覺。然而，假設自己可以完全阻止直覺反應是不現實的。不過，若能發現後見之明偏誤，特別留意伴隨而來的口語和心理提示，就能逐漸減弱這種情況。

個人處理經驗的方式，會影響到未來的決策，**因此分清楚「事前知道的消息」和「事後才顯現的情況」，可避免從經驗中學到受後見之明偏誤扭曲的教訓。**未來做決策的根據，就比較不會是對所知或應知資訊的錯誤印象，也能使人少責怪自己或他人。

追蹤認知情況而創造的時間戳，會使後見之明偏誤的歪曲
消失。

高勝算決策

預防後見之明偏誤

使用認知追蹤時，在進行決策的過程中寫日誌，記下「決策
之前知道的消息」，是個不錯的方法。

最後知道結果時，可能很難準確回想事前知道的資訊有哪
些，因此寫日誌可留下具體細節，以便回頭查閱。

寫下影響決策的關鍵事實，也可充當預防後見之明偏誤的疫
苗。慎重且周密地回想決策當時的所知資訊，可創造更清楚
的時間戳，預防記憶潛變發生。

我們將在本書稍後的章節，深入探索如何更清楚記住決策。

---

11 留意身邊後見之明的行為

決策訓練

現在你對後見之明偏誤有些認識了，花幾天留心工作或家中的相關例子。可以從新聞或體育運動中尋找，也可以從老闆、朋友和家人中尋找。最重要的是，留意自己是否也有這種行為。

寫下兩個自己發現的例子。

例子 1

簡短描述例子：

_____

_____

_____

圈選出相關的後見之明偏誤形式。

一直都知道 　　　　　早該知道

有口語或心理提示嗎？　　　　　□有　□無

如果有，是哪些？

_____

_____

_____

接著完成這個例子的認知追蹤。

如果這個例子涉及到別人的決策，你無法明確知曉他們在
決策時知道哪些消息，這時，你可以設身處地猜想，他們
在合理的情況下能知道些什麼，甚至可以試著詢問他們，
幫助你填補認知追蹤的缺口。

認知追蹤			
決策之前 知道的消息	決策	結果	結果發生後 知道的消息
1.			1.
2.	→	→	→ 2.
3.			3.

例子 2

簡短描述例子：

_____

_____

_____

圈選出相關的後見之明偏誤形式。

一直都知道　　　　　　　早該知道

有口語或心理提示嗎？　　　　　　　　　　☐有　☐無

如果有，是哪些？

_____

_____

_____

接著完成這個例子的認知追蹤。

認知追蹤			
決策之前 知道的消息	決策	結果	結果發生後 知道的消息
1.			1.
2.	→	→	→ 2.
3.			3.

後見之明也會讓人缺乏同理心

後見之明偏誤和結果論一樣,讓我們對自己和他人缺乏同情心。我們必須對他人有同理心,才能以對方角度回想,推測在合理情況下,對方可能知道哪些訊息。但通常我們不會花費設身處地回想的時間,而是倉促做出判斷。

我們迫不及待將不好的結果歸咎於決策者,忽略換位思考想像他們決策當下的情況,甚至在自己做決策時也是如此。例如:「你犯蠢抄捷徑,反而害我們遲到。」或「你怎麼可能不知道交通情況很糟?」

缺乏同理心不限於不好的結果。後見之明偏誤會讓我們更加謹慎,或對沒必要擔心且進展順利的決策感到焦慮,最後給自己和他人帶來折磨與痛苦。例如:「為什麼我要浪費那麼多時間擔心天氣?」

12 摘要：
後見之明扭曲你對結果的心態

這些練習是為了讓你思考以下的概念：

1. 後見之明偏誤容易在結果發生後顯現，使自己或他人以為結果可以預測或無可避免。

2. 後見之明偏誤和結果論一樣，會放大結果的影響力。這種情況下，結果會將你的記憶蒙上一層陰影，使你無法準確回想和記憶決策當時所知的資訊。

3. 後見之明偏誤會以兩方面扭曲你對結果的心態：早該知道與一直都知道。

4. 後見之明偏誤通常跟口語或心理提示有關聯（可參考前文 p.65 跟 p.74 決策訓練中的案例，以及接下來的檢查清單）。

5. 當自己得知某項決策的發展，可能會引發記憶潛變，事後顯露的資訊，會潛入你在決策前關於已知或可知消息的記憶。

6. 想要從決策及其結果學到教訓，必須精準掌握決策時所

知的消息。

7. 認知追蹤是一種區分消息是原本所知還是後來得知的工具。

8. 後見之明偏誤導致我們對自己和他人缺乏同情心。

檢查清單

找出偏誤

☐「我早該知道的。」

☐「我早就說過了。」

☐「我一直都知道。」

在下方添加 p.65 與 p.74 訓練中發現的口語或心理提示：

_____

_____

_____

解決偏誤

☐ 問題 1：有沒有什麼資訊是事後才顯現的？

☐ 問題 2：那些資訊在決策當時是合理且可知的嗎？如果

有日誌記錄決策當時知道的訊息,請回去查閱。

□ 問題 3:如果推斷結果是可預測的,這個結論的根據是否為決策當時不可知的訊息?

□ 問題 4:解決前 3 個問題後,重新評估結果的可預測性。

專欄 就連權威專家也會犯後見之明

2016 年 11 月 8 日，美國民主黨政治人物希拉蕊·柯林頓
（Hilary Clinton）在總統大選敗給共和黨唐納德·川普（Donald
Trump）。很重要的原因是，她在 3 個關鍵州的表現不如預期：
密西根州（Michigan）、賓州（Pennsylvania）和威斯康辛州
（Wisconsin）。這幾個州屬於長久以來支持民主黨的地區，柯林
頓卻以些微差距輸掉這幾個州，在 1,400 萬張選票中，總計僅得 8
萬張選票。

未能贏下密西根州、賓州和威斯康辛州，使得原本應該是
278 對 260 的勝選，變成川普出人意料地以 306 對 232 勝出。

大家普遍認為是柯林頓陣營忽略了這 3 個關鍵州，才會輸
掉選戰。只要在谷歌搜尋柯林頓競選、密西根州、賓州、威斯康
辛州等關鍵字，就會看到一連串批評柯林頓陣營戰略糟糕透頂的
文章：

- 美國雜誌《大西洋》（*TheAtlantic*），在 2016 年 11 月 10
  日發布文章〈鐵鏽地帶為川普奠定勝利之路〉（*How the
  rustbelt paved Trump's road to victory*）。
- 美國多語言傳媒《哈芬登郵報》（*Huffpost*），在 2016 年

11 月 16 日發布文章〈柯林頓陣營毀於自身疏忽與少許傲慢，幕僚如此說〉（*The Clinton campaign was undone by its own neglect and a touch ofarrogance, staffers say*）。

- 美國雜誌《*Slate*》，在 2016 年 11 月 17 日發布文章〈報導：疏忽和戰略欠佳，柯林頓拱手讓出三關鍵州〉（*Report: neglect and poor strategy helped cost Clinton three criticalstates*）

文章全都看似合理，對吧？顯然柯林頓的選戰策略很糟，她應該更賣力地在關鍵州拉票造勢，她會輸掉選戰，就是因為她疏忽大意。

問題是，看看這些文章的日期，全都在選舉過後才刊登。

我再往下看 10 頁的搜尋結果，找不到任何選前專門針對密西根州、賓州與威斯康辛州的評論。雖然有大量意見，批評柯林頓選戰策略中的其他問題，但無一預料到會失去 3 個關鍵州。

其實，有少數評論針對選前候選人在那幾州的選戰策略提出批評，指出川普浪費時間在那幾州拉票造勢：

- 美國影響力大的《華盛頓郵報》（*The Washington Post*），在 2016 年 10 月 22 日發布文章〈唐納德‧川普何以在賓州約翰斯敦造勢？〉（*Why was Donald Trump campaigning in Johnstown, Pennsylvania?*）

- 美國雜誌《紐約客》（*The New Yorker*），在 2016 年 10 月 31 日發布文章〈唐納德‧川普為何現身密西根州與威斯康辛州？〉（*Why is Donald Trump in Michigan and Wisconsin?*）

有幾個州在選前做的民意調查顯示勝負難定，包括：佛羅里達州、北卡羅來納州（North Carolina）與新罕布夏州（New Hampshire）。這幾州正是柯林頓主力打選戰的地方。另一方面，民調的平均結果顯示她在賓州、密西根州與威斯康辛州都領先幾個百分點。

事後回顧，很容易看出那 3 州可能出現民調錯誤，因為川普的表現大幅優於民調結果。

但民調錯誤卻是等到投票結束後，才知道有錯誤。民調錯誤只會在事後顯現，而非事前。

雪上加霜的是，全國民調沒有錯誤，並相當準確地追蹤到柯林頓在普選中勝出的幅度，而且也不是州民調錯誤。

柯林頓陣營在投票前怎麼可能會知道那 3 個州竟然出問題，而不是其他州？這些不像是她能夠知道的訊息，至少根據公開可得的資訊來看，她不可能知道。

然而權威專家卻提出大量「她早該知道」的說法，也有許多「我一直都知道」的說法。雖然簡單用谷歌搜尋就能看出，即使他們一直都知道，也總是對這個政治祕密守口如瓶，並未公開。

第 3 章

打造决策的多元宇宙

13 如果當你想募資創業……

決策訓練

你討厭美容沙龍，所以都自己剪頭髮，以避免上髮廊。因此，你想到一個點子，開發一款應用程式「Kingdom Comb」，替不想到髮廊整理頭髮的人，媒合願意到顧客家的髮型設計師。

你想在蓬勃發展的零工經濟中分一杯羹，並且很有把握這個點子會成功。於是你辭掉工作，將所有積蓄投入創業，甚至邀請親友一同參與募資，籌募新創公司的資本。

結果，天堂並未向你的新創公司與應用程式敞開大門，最終你創業失敗，因為應用程式 Kingdom Comb 始終沒有發揮群聚效應，達到關鍵多數（critical mass），你與親朋好友的錢都賠光了。

甚至在找到下一份工作前負債，你很愧疚讓投資新創公司的人們賠個精光，還對彼此關係造成負面影響。

在這之後，你還是自己剪頭髮。

你逐漸懷疑自己對職業生涯和財務決策的判斷，最後選擇在一家小公司擔任開發人員。每當業務會議討論涉及新事業或創新，你就會格外沉默。

寫下至少 3 種 Kingdom Comb 的其他可能結果：

1. _____

2. _____

3. _____

稍後將回頭討論這個例子。

14 如何讓經驗變有益而無害？

經驗是學習的必要條件，但我們會以有偏差的方式處理經驗。也就是說，想要成為更優秀的決策者，需要別人的意見回饋，但意見回饋很可能會干擾你從經驗中學習有益的教訓。

這就造成了矛盾悖論。

大量經驗可能會是優異的老師，而單一經驗還算不上能給予教訓的老師。

看多了決策與結果的組合後，有辦法梳理出經驗帶來的教訓，但只看單一結果，還是會得到結果論和後見之明偏誤。

我們的問題是，依照順序一一處理得到的結果，將每個結果當成獨立個體，而不是等待累積足夠的資料，解決結果和決策間不確定的關係，才更新、修正個人的見解。

單一結果通常不會透露太多訊息，顯示一項決策是好是壞，但我們卻常常以單一結果來判斷，彷彿丟一枚硬幣就已足夠決定事情，這就是悖論所在。

單一結果發揮不成比例的影響力，提供我們解決悖論的線索，因此必須將結果縮小，縮到適當的比例。想要成功做到這一點，第一步就是將個別結果放在所有可能結果的脈絡下對照。

　　你做的決策與結果，組成你生活中的時間線與現實狀況，然而，你的經驗僅由真正發生的事情所構成。如果事情的發展不同，而你能從中梳理其他情況發展為事實的時間線，個人的能力就能提升一大步，了解什麼情況能從結果學習，又能學到什麼。

　　應該怎樣做呢？探索決策的多元宇宙吧！

高勝算決策

經驗悖論：經驗是學習的必要條件，但個別經驗通常會干擾學習的效果。

15 決策的發展如同一棵樹

決策就像森林中的樹

想像你站在一棵樹的底部，仰望所有枝幹。

圖表 3-1　決策的可能結果有如樹的枝幹

在你做決策時，你看待的未來，就如同看見一棵樹的枝幹，每一根枝幹都代表事情可能會有的發展方向。

枝幹愈粗，表示愈可能發生的未來。枝幹愈細，表示愈不可能出現的未來。某些較大的枝幹，會有朝著多個方向的分枝，這些分枝代表未來可能因過程中遇到的狀況，進一步出現更多的發展。

未來在你面前的樣子，就像一棵有著各種可能性的樹。

一個小孩想像著未來成為消防隊員、醫生、職業網球選手、太空人或電影明星。

你想像墜入愛河或失戀、是否存夠退休金、晚餐要買披薩、要上健身房、工作獲得升遷、轉換職業生涯或成為醫生。

在做決定時，展望未來的可能情況，可以看到太多可能性，因此我們可以從所有可能情況的脈絡，觀察每一項的可能性，也等於是在做出決定前，窺見多元宇宙。

結局使決策樹只留下一根枝幹

當未來的結局發展逐漸顯露，某一根枝幹成為實際發生的唯一分枝。這時，那棵充滿無限可能的樹會怎麼樣呢？猶如你的心理對著樹拿起電鋸，只留下一根枝幹，代表唯一發生的結

果。彷彿人人長大後，都得到同一個夢想職業：電鋸工人。

結果出現之後的樹

圖表 3-2　結果發生後，遺忘了其他枝幹

知道事情的結局之後，你把代表著未來有可能發生，實際卻沒有發生的枝幹都鋸掉，只留下一根。從心理認知上來說，你將其他枝幹遺忘在地上。

雖然未來有許多可能，但只有一個會成為過去，這種說法，讓過去看似無可避免。再微小的細枝，如今也因為那是你唯一能見的枝幹，而顯得最粗壯。

多元宇宙從視野中消失了。

地球一定是圓的，恐龍肯定會滅絕，人類必定會演化成主宰地球的優勢物種，同盟國必定會贏得第二次世界大戰。亞馬遜（Amazon）一定會成為線上零售業霸主。

你必定會在你出生的時間與地點，被父母生下來。

16 重新組合決策樹

解決經驗悖論的第一步，就是重新組回樹。

從地上撿起枝幹並黏回樹上，就能從完整的脈絡背景看每種結果。如此一來，可能性不大的結果，更像是原先的細枝，而不是粗大的枝幹。

花點時間粗略擬出合理的結果組合，就能將掉落的枝幹裝回樹上，組合為更接近決策當時的樹。

如果描繪真正的樹木，顯然太龐大、太笨拙，但是畫一棵簡單且抽象的樹，是個不錯的開始，可以幫你在完整的脈絡下清楚看待結果。

評估過去決策和改善未來決策的有效工具

假設你正設法更清楚分析，接受波士頓工作的決策，最後教會你什麼，圖表 3-3、3-4，為重新建構你在 6 個月後辭去工作的可能情況。

首先，概略畫出你做的決策與產生的結果（見圖表 3-3）。

圖表 3-3　梳理你做的決策與產生的結果

如果要將這棵樹復原，可以這樣做（見圖表 3-4）。

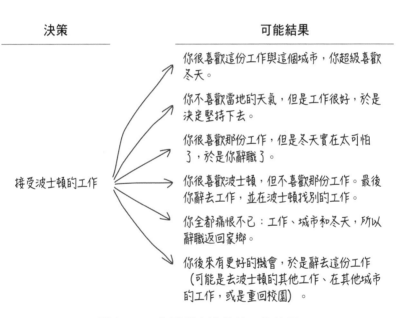

圖表 3-4　復原所有決策的可能結果

你建立了決策樹的基礎，是評估過去的決策與改善未來決策品質的有效工具。本書接下來將繼續開發這項工具。

在這個例子中，你可能會發現到，某些可能結果比實際得到的更好，某些則較差，通常在重新建構決策樹時會顯現出來。一般來說，實際發生的結果很少落在最好或最差的兩個極端。

若是沒有其他提示，你或許覺得接受波士頓的工作是差勁的決定，或許你會認為早該知道自己無法忍受冬天。但是這棵決策樹讓你知道，你痛恨冬天、喜歡那份工作、離開或留在波士頓等結局，並非是無可避免的。

決策訓練

我們再回到應用程式 Kingdom Comb 的例子，如果你覺得有需要，可以回到本章開端，重新閱讀完整情境。

1. 你開發 Kingdom Comb 的目的，是為了替不想到髮廊整理頭髮的人，媒合願意到府服務的髮型設計師。

   你的新創公司失敗，是因為應用程式始終沒有發揮群聚效應，最後花光你與親朋好友的資金。

   記下你做的決定和得到的結果：

決策	結果

利用你在開頭練習找到的幾種可能結果，描繪出這棵樹。

決策	可能結果

接下來是另一種情境。

2. 你討厭美容沙龍，所以都自己剪頭髮，以避免上髮廊。因此，你想到一個點子，開發一款應用程式「Kingdom Comb」，替不想到髮廊整理頭髮的人，媒合願意到顧客家的髮型設計師。

你想在蓬勃發展的零工經濟中分一杯羹，並且很有把握這個點子會成功。於是你辭掉工作，將所有積蓄投入創業，甚至邀請親友一同參與募資，籌募新創公司的資本。

結果，天堂向你的新創公司與應用程式 Kingdom Comb 敞開大門。你的事業前景看好，獲得額外的資金投入，並吸引共享汽車公司和連鎖理髮店的注意。你接受其中

一家公司的條件，在公司實現獲利前，就以 2,000 萬美元賣出應用程式。你與親朋好友的投資皆獲得巨大回報。

後來，其他新創公司和大型科技公司向你招手，你靠著精心挑選的工作，即將在科技業大展拳腳。

寫下決策與結果：

決策	結果

納入其他合理的可能結果，描繪情境比較完整的樹。

決策	可能結果

3. 兩種情境是否畫出一樣的樹？勾選一個答案。□是　□否

結果不影響決策當下的情況

　　無論這家公司最終失敗還是成功，重新建構的決策樹，看起來應該一樣。

　　也許應用程式 Kingdom Comb 始終不曾順利發展。或許顧客因為髮型不對稱提出集體訴訟，導致法律費用暴增。可能美容師沒有執照而被罰款，也可能主張擁有該名稱的宗教團體和髮廊，提出版權和商標索賠。

　　也許公司勉強支撐幾年才失敗。說不定這個點子可行，但你很快就被有著雄厚資金、行銷實力與高度行業敏銳度的企業所超越，例如：媒合設計師與顧客的網站 InstaCuts 和 FaceClips。也可能你擴展業務，持續取得資本，公開上市、達成獲利，最後買下一家全國連鎖理髮店。

　　也許這個事業發展機會很大，你善用自己的平台和顧客基礎並持續擴張，比如進軍其他美容沙龍服務、引進頭髮護理產品、寵物照護、處方藥配送、居家醫療保健與銀髮族照護。

　　做決定時，因為決策相同，所有推測出的未來可能情況都一樣，而決策決定了哪一組可能性或路線會發生。無論你真正得到的結果是事業失敗，還是獲得 2,000 萬美元，都不影響決策當下的可能情況。

　　經驗的悖論有部分在於，我們的直覺並不會有這種感覺。

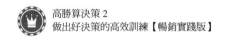

你的直覺告訴你，結果真的很重要，還告訴你，最後的結果多少會對各種可能性有影響。

　　花點時間建構決策樹，有助於克制直覺感受。

17 反事實思考，充分了解會發生什麼事

反事實思考（counterfactual thinking）的本質，在於如果不知道其他的可能性，就無法充分理解從結果學到的教訓。

探索反事實，能幫助我們了解事情為什麼會發生，又為什麼沒有發生。

- 如果地球是平的或方的會怎麼樣？
- 如果恐龍沒有滅絕會怎麼樣？
- 如果一次冰河期使人類滅絕會如何？如果在第二次世界大戰中，德國沒有打敗法國會怎麼樣？
- 如果英國沒有和蘇聯結盟又會如何？
- 如果日本戰勝德國會怎麼樣？
- 如果你的父母不同會怎麼樣？
- 你如果出生在不同的地方或出生在西元 1600 年會怎麼樣？

如果沒有在日常生活的基礎上探索反事實，怎麼可能了解

自己的決策對人生走向會帶來怎麼樣的影響：如果我出生在不同的環境會怎樣？

探索這些假設情況是想提醒你，出生的時間和地點完全無法自己掌控，然而，這些是確立人生可能組合的因素。

「原本可能」和「如果……會怎麼樣」的問法，能將你的經驗放在完整的脈絡下，幫助釐清你 4 項關鍵：

1. 了解結果中運氣成分可能有多少。
2. 比較你得到的結果和可能發生的結果。
3. 放下「無可避免」的感覺。
4. 提升你從人生經驗中學到的教訓品質。

高勝算決策

反事實：一種「如果……會怎樣」的假設，即某項決策的可能結果，但最終並未真實發生，是一種假設、想像的狀態。

 決策訓練

1. 從過去挑選一個糟糕的結果，也就是最差的決策。可以拿前文結果論，或後見之明偏誤的練習中用過的例子，也可以使用不同的案例。最好是你一直在痛責自己的例子。

寫下決策與結果：

決策	結果

重建決策樹。

決策	可能結果

重建這棵樹後，你認為這個結果應該歸咎於自己的想法是否有所改變？勾選一個答案。　　　　□是　□否

提出反思：

_____

_____

_____

可能結果中有比你的結果更糟的嗎？勾選一個答案。

□有　□無

2. 從過去挑選一個很好的結果，也就是最好的決策。可以拿前文結果論，或後見之明偏誤的練習中用過的例子，也可以使用不同的案例。最好是你認為自己功勞甚大的例子。

寫下決策與結果：

決策	結果

在實際結果之外加上其他可能性，重建決策樹。

決策	可能結果

重建這棵樹後，你認為這個結果應該歸功於自己的想法是否有所改變？勾選一個答案。　　　□是　□否

提出反思：

_____

_____

_____

可能結果中有比你的結果更好的嗎？勾選一個答案。

☐ 有　　☐ 無

3. 勾選出讓你感覺比較好的選項：

☐ 為壞的結果重建決策樹。

☐ 為好的結果重建決策樹。

☐ 感覺一樣。

不論結果好壞，必須檢視決策脈絡

若要重建決策樹並探索反事實，多數人會覺得，在結果不好時進行的感受，好過在結果好的時候。

如果應用程式 Kingdom Comb 失敗，你知道失敗的責任不完全在你身上，你還知道它可能存在著很多種成功的方式，說不定也還有更糟糕的失敗方式，這時你的感受就會好很多。

在包含其他可能情況的脈絡中觀察負面結果，會暴露運氣的干擾作用，也就能讓你更加釋懷失敗。而且在不順利的時候，誰不想擺脫責任？

從另一方面來想，假如開發應用程式 Kingdom Comb，結果很快就有人以 2,000 萬美元買下，你卻得知成功不完全是你的功勞，你還得知它可能有很多種失敗的方式，甚至有更亮眼

的成功方式，這時你的感受並不會太好。

我們都希望自己能成功，並為此感到驕傲，也會儘量在言談中多多提及亮眼的一面。然而，在其他可能情況的脈絡下觀察結果，不論是好事或壞事，皆可以讓你放下。

高勝算決策

人在不同的脈絡觀察結果的意願會有差異，寧願在失敗的時候做，也不想在成功的時候做。

但誰願意放下出色的結果呢？我想你會願意的。

如果沒有經過認證或檢驗就承認自己的成功，當下的感受或許很棒，但是你將失去許多學習機會，並錯過看到改善結果的方法，與探索的機會擦肩而過。

你將錯過機會研究不同的決策是否會增加結果發生機率，說不定有更好或更糟糕的結果存在，但你沒有發現，也沒辦法檢視運氣在決策結果的作用。

無論決策的結果是好是壞，我們都必須看到完整的本質，一視同仁地探索所有的結果。只要你累積好的成果，再多的反事實思考都無法將你的成就奪走，但是若拒絕從背景脈絡中理解結果，可能會使你在未來無法做出更好的決策，最終損害你在成功的果實上繼續發展，或保有成功果實的能力。

18 摘要：
打造決策的多元宇宙

這些練習是為了讓你思考以下的概念：

1. 經驗悖論：經驗是學習的必要條件，但個別經驗通常會干擾學習的效果。部分原因在於，偏誤會導致我們強行匹配結果和決策品質。

2. 將實際結果與決策當下的其他可能情形一同觀察、對照，其中的脈絡有助於解決經驗悖論。

3. 未來有多種可能，但過去只有一種，因此過去總讓人感覺無可避免。

4. 重新建立一棵簡化版決策樹，是將實際結果放在完整的脈絡下觀察的工具。

5. 探索其他可能情況，是一種反事實思考。反事實和可能發生卻沒有發生的結果有關，是一種想像的狀態。

6. 對於檢驗結果的意願，與決策的好壞沒有正相關。比起好結果，人們更樂於將壞結果放在脈絡下觀察。雖然可能很不容易，但是嘗試從正確的角度理解好結果，才能成為更好的決策者。

檢查清單

評估結果能否為決策品質提供學習心得時,可從以下要素
建立簡化版的決策樹:

☐ 找出決策。

☐ 找出實際的結果。

☐ 除了實際結果外,用決策當下的其餘合理可能情況建立
　一棵樹。

☐ 探索其他可能的結果,能更清楚地了解,從實際的結果
　中能學到什麼。

專欄 **過去不是唯一可能，也不是一定的結局**

1962 年，第二次世界大戰已於 15 年前結束。戰後的美國自戰爭以來，有極大的變化。日本帝國控制原美國西岸的日本太平洋合眾國（Greater Japanese States），並以舊金山為首府。大納粹帝國（Greater Nazi Reich）的範圍涵蓋原本的美國東岸，並以紐約市為納粹美國的首府。美國落磯山區（Rocky Mountains）則成為日本與德國兩大世界超級強權間的中立地帶。

以上情境是美國科幻小說家菲利普・狄克（Philip K. Dick）於 1962 年出版的小說《高堡奇人》（*The Man in the High Castle*）的背景。2015 年，該小說由美國電視電影製作商亞馬遜工作室（Amazon Studios）改編為非常成功的同名電視連續劇。

小說和電視連續劇提供多個反事實與多重未來的例子。

故事中的世界，建構在由軸心國贏得第二次世界大戰之後。之所以出現此版本的「現在」，是因為「過去」偏離人們所認知的事實。

1933 年，一次針對美國總統羅斯福（Franklin Delano Roosevelt）的暗殺成功了（但人們所知的歷史是暗殺失敗），改變第二次世界大戰前的美國，顯然也改變了美國在第二次世界大戰的涉入程度。這樣的歷史軌跡，使德國活用科技研發出原子武器轟炸華

府，迫使美國在 1947 年投降。

故事還有別種可能的「另類現實版」。同樣是由美國贏得第二次世界大戰，但不同於人們所知的歷史，此版本中有個祕密地下故事《沉重的蚱蜢》（*The Grasshopper Lies Heavy*）在流傳。

在地下故事中所講述的歷史，羅斯福沒有被暗殺（而「高堡奇人」是撰寫或拍攝這個說法的某個神祕人物），僥倖存活而改變了一切，但是不同於人們熟知的世界，羅斯福在連任兩任總統後退休，下一任總統的行事作風迥異，因此美國參戰並贏得戰爭，但美國、英國與蘇聯的角色大不相同，在戰後世界的關係也有所變化。

不是爆雷，但電視版本還有第三個另類世界和歷史故事。

我們通常不會用這種方式思考世界，但這個故事提醒我們，我們的過去並非事情的唯一可能，也不是一定的結局。

第 4 章

掌握偏好、回報與機率

19 六步驟改善未來決策品質

　　本書到目前為止，專注在如何評估過去的決策。然而，過去的事情無法改變，唯一能做的，就是發展一套改善決策的可重複流程，讓你能將過去學到的經驗應用在未來的所有新決策。

　　決策者最大的挑戰，是釐清本質上模糊不清的事件。在重新建構過去的決策時，會經歷引發扭曲的偏誤。在做新決策時，需要展望的未來，原本就是無法確定的。

　　這裡提出的六步驟，將幫助你改善未來新決策的品質，與改變對過去決策的評價。通常，很難在已經發生的結果陰影下，準確評價某項決策的好壞，但是如果有好的決策流程可依循操作，並加以記錄，情況就能改善許多，不用在結果論和後見之明偏誤的迷霧下，揣測決策究竟是好是壞，反而更能查驗自己的努力成果。

　　並不是說結果永遠沒有教育意義，而是當結果出乎意料，或不在預料的可能組合中，才有教育意義。結果是極好還是極差並不重要，真正重要的是，**你有沒有預料到會有這個結果，因為決策與你的預判能力相關**。

　　確實，出乎意料的情況在事後回顧時難以評價，但只要

事先做好功課，不只能精確聚焦未來可能情況，做出更好的決策，還可看出在什麼情況下難以預料可能結果，**因為你已確實做紀錄，記下決策當時的想法。**

這就是為決策技能加足馬力的途徑，讓我們建立一個最佳決策流程吧！

高勝算決策

精進決策六步驟

步驟 1：找出合理的可能結果組合。

步驟 2：根據你的價值觀、對結果的喜好或討厭程度，用結果的回報判斷你的偏好。

步驟 3：判斷每種結果發生的可能。

步驟 4：就考慮的選項，評估喜歡與不喜歡的結果之相對可能性。

步驟 5：針對其他考慮選項重複步驟 1 至步驟 4。

步驟 6：互相比較各種選項。

20 用一張照片打賭，你敢不敢？

✎ **決策訓練**

這張照片是在通往美國黃石國家公園（Yellowstone National Park）的路上，因一頭北美野牛造成交通阻塞。

撤退中的那個人原本心急如焚地趕路，經過一番評估後，他覺得可以挪出一點個人時間，下車誘哄北美洲最大的動物移動。

如今他們都在移動！

你猜這頭北美野牛的體重可能是幾公斤？

_____

你這樣猜的理由是什麼？

_____

_____

_____

線索中顯示你的猜測

我敢拿一大筆錢打賭，你的猜測不會低於 45 公斤，也沒有
超過 4,500 公斤。本章稍後將回頭再看這頭北美野牛，並且會
揭露我為什麼對這場賭局很有把握。

21 釐清你對結果的偏好

依照自己的喜好程度排序

跳脫被特定結果扭曲的看法，像是過去決策後的真實結果，或你特別渴望、擔憂的某種可能結果，能擺脫這些並找出合理的結果組合，已經是極大的進步了。不過想要充分了解過去的決策，繼而改善對未來決策的評估，止步於此是不夠的，除了要完全掌握決策的可能結果組合，還需要**釐清你對每一種結果的偏好**。

所以，針對先前建立的決策樹加上明確的資訊，以勾勒出自己對決策的每一種合理可能的渴望程度。最簡單的方法，就是在決策樹上，**將可能結果依最喜歡到最不喜歡的順序排出**。

以在波士頓工作的決策樹為例，依照偏好重新安排，將最渴望的結果放在頂端，最不滿意的結果放在底端（見圖表 4-1）。

決策	可能結果

接受波士頓的工作

你很喜歡這份工作與這個城市,你超級喜歡冬天。

你不喜歡當地的天氣,但是工作很好,於是你決定堅持下去。

你很喜歡波士頓,但不喜歡那份工作,於是辭去工作,並在波士頓找別的工作。

你後來有更好的機會,於是辭去這份工作(可能是在波士頓的其他工作、在其他城市的工作,或是重回校園)。

你很喜歡那份工作,但是冬天實在太可怕了,於是你辭職了。

工作、城市和冬天,你全都痛恨不已,所以辭職返回家鄉。

圖表 4-1 以偏好重新安排決策樹

個人目標和價值觀會影響結果偏好

結果究竟有多好或多壞,取決於個人的目標和價值觀。

如果到海邊度假一週,而你的目標是做日光浴,那麼連續7 天都在下雨,顯然是不好的結果。但如果你的目標是讀完好幾本書呢?假如你打算在海邊讀書,那麼即使每天都在下雨,看似也不算太糟。

某兩個人的目標可能都是養家,對其中一人來說,這項目

標代表的是財務安全感,但是對另一個人來說,卻代表著一家人在一起共度時光。

個人的價值觀的差異,導致彼此有不同的職業偏好。第一個人可能偏好薪水較高、升遷機會多的工作,即使會犧牲和家人相聚的時間也在所不惜。第二個人可能會接受薪水較低的工作,選擇工作時間彈性、有機會在家工作,且晚上和週末的時間較自由的工作。

你看重的關鍵與別人看重的不同,你的目標和價值觀會透露你對各種結果的偏好程度。也就是說,在同樣的情況下,你對某個特定結果的偏好程度高於其他,但另一個人的偏好選項很有可能和你不同。

沒有誰對誰錯,只是顯示你們是不一樣的人,有各自的好惡。即便如此,這不代表你不能向其他人徵詢建議,他人的建議反而可能是絕佳的決策工具。只是在尋求建議時,需要清楚明確個人的目標和價值觀,否則可能會有你徵詢意見的人,誤以為彼此偏好相同,以自己的偏好給你答案的風險。

決策訓練 ⋯⋯⋯⋯⋯⋯⋯⋯⋯⋯⋯⋯⋯⋯⋯⋯⋯⋯⋯⋯⋯⋯

1. 以你在第 3 章描繪的其中一棵決策樹，依照偏好程度重
   新排列可能的結果。

決策	可能結果

2. 構成偏好順序的目標和價值觀是什麼？

_____

_____

3. 有哪一個結果明顯比其他結果好？

_____

_____

4. 有哪一個結果明顯比其他結果差？

_____

_____

排出偏好順序，抉擇一目了然

你做的所有決策，會有你期望的結果，也會有你不希望的結果。替決策樹明確填上偏好，能一窺這些可能結果有多少是你喜歡的，又有多少是不喜歡的。這也就是按照偏好依序安排每種結果的可能對決策會有幫助的原因。

當然，光是靠決策的結果大致算好還是壞，不足以判斷這項決策究竟是好是壞。需要知道每種結果有多好或多壞，換句話說，你必須對每一種可能，仔細思考你的喜愛或討厭程度。

每一組結果幾乎都會包含可能的收穫與損失，稱為回報（payoff），回報會驅動你的偏好，因為人們顯然會喜歡收穫多於損失。

如果某個結果推動你朝目標前進，就是正面的回報。如果某個結果將你推離目標，就是負面的回報。那股推力的強度，決定了你喜歡或討厭某個結果的程度。收穫愈大，對結果的偏好就愈大；損失愈大，對結果的厭惡就愈大。

最直接理解回報的方式，就是以金錢衡量決策結果的品質。如果你進行一筆投資賺了錢，那就是收穫，虧錢就是損失。

計算回報的貨幣，也可以是任何你重視的事物，例如：快樂（自己的快樂或別人的快樂）、時間、社交身價（social currency）、自我提升、自我價值感、商譽或健康等。

如果這個可能結果實現，你的快樂會增加還是減少？你會收穫時間還是失去時間？你的社交身價是增加還是減少？你會獲得還是失去自我價值感？對你重要的某個人是否會更快樂？

不管結果是正面還是負面，我們重視的任何事物，都可能成為衡量回報的貨幣。

這組可能結果的回報，如果能讓你獲得重視的東西，便構成了一項決策的潛在好處（upside potential）。如果會失去重視的東西，便構成了一項決策的潛在壞處（downside potential）。

高勝算決策

潛在好處：一項決策帶來的收穫，選項的正面潛在可能，或可能有的利益。

潛在壞處：一項決策帶來的損失，選項的負面潛在可能，或可能有的代價。

假設你正考慮要不要投資股票，潛在好處是，如果股票價值升高你會賺錢，潛在壞處是，如果股票價值下降會虧錢。

你正決定是否參加一場雞尾酒會，潛在好處是，可能度過一段開心時光、鞏固友誼、結交新朋友，或擴大工作上的人脈，說不定還能遇到一生所愛。潛在壞處是，派對可能很無

聊，浪費了原本可以用來做更多有趣事情的時間，也可能為了某個有爭議的敏感政治議題與人激烈爭論，導致友誼破裂，還可能因為無法抗拒現場提供的披薩和生日蛋糕，打破自己堅持一段時間的健康飲食習慣。

你上班快遲到了，正考慮要不要提高速限 25 公里，潛在好處是，你可以準時到班。潛在壞處是，最終你可能還是無法準時到達，還可能被開超速罰單，再加上其他違規費用，使你更晚進公司，甚至可能遇到只要遵守法律就不會發生的交通事故。

大部分決策都混雜潛在好處與壞處。**判斷決策的好壞，基本上是在問，潛在好處是否足以抵消潛在壞處的風險。**

> **高勝算決策**
>
> 風險：你面臨的不利趨勢。

釐清回報程度，讓決策更精準

你必須知道可能的結果（步驟 1），以及每種結果相關的潛在收穫與損失（步驟 2）。詳細列出這些，是做出良好決策不可或缺的關鍵因素，**沒有仔細檢驗回報的程度，就不可能了**

解這項決策是否值得冒險承受缺點。

假設一項決策有 4 種可能結果，會將你推向目標，有 1 種可能結果會導致損失，並不代表這個決策本身值得冒險。4 種優勢結果可能是省下 1 元、保持 1 個小時口氣清新、提早 5 分鐘到達某處，或是襪子可以多穿一天不用洗。不利的缺點卻可能是立刻喪命。這就是回報的程度大小之所以關係重大的原因。

```
高勝算決策
```

評估決策的品質，還包含判斷是否值得冒險去追求優點。

這時，利弊分析表的局限，更能清楚顯現。利弊分析表的好處是，讓你思考優缺點，即精準決策六步驟中，步驟 2 要思考的內容。壞處是，沒辦法讓你思考優點的正面效果或缺點的負面影響有多大，然而，這卻是步驟 2 中最必備的關鍵。

利弊分析表是扁平的，彷彿回報的程度大小不重要。因為利弊分析表是表列形式，因此以前文的案例來說，對於早到的機率，與陷入嚴重交通事故的可能性一視同仁。沒有明確的資訊說明影響的規模大小，或是優缺點的重大程度，就無法清楚比較列表中的利弊。

如果利弊分析表中顯示有 10 個利益和 5 個弊端，代表你應

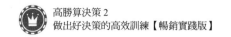

該同意這項決策嗎？沒有涵蓋回報程度大小的資訊，就不可能這樣說，因為少了這些資訊，無法判斷潛在好處是否足以抵消潛在壞處。

22 判斷每種結果發生的機率

　　你買進一家電動車公司的股票，價格翻漲 4 倍，你讚許自己做了非常好的決策。但如果股票翻漲 4 倍的機會渺茫，反而是下跌的機率極高，你應該接受讚譽嗎？

　　你買進一家電動車公司的股票，結果血本無歸，你痛責自己做了很糟糕的決策。但如果股票跌到血本無歸的可能性微乎其微呢？

　　每當你坐進車裡，都冒著很大的風險 —— 遇上車禍身亡。當然，你願意冒這個風險，是因為發生機率很小，且節省時間或增加生產力等優點足以抵消。同樣地，即使你能靠 1 美元買彩券贏回一大筆錢，但由於中獎機率太小，不值得用 1 美元去冒險。

　　有時候，希望渺茫的回報可能值得一試，像是投資新創公司，其實屬於高風險投資，因為大部分新事業容易失敗，有賠錢的可能。假如你擅長選擇要資助哪些事業，就能評斷強大的優點能否使承擔風險具有價值。這也就是創投業者的存在。

　　如果沒有關於發生機率的任何訊息，你可能拍肩稱讚自己的決策拍到手骨折，都看不出發生快樂結局的機率微乎其微。

你也可能為了不好的結果怪罪自己，因為你看不出這個結果非常不可能發生。

你可能以為得到壞結果是因為運氣不好，但其實這個結果的發生機率非常高，所以根本不是運氣差，而是意料之中。或者你在做決策時，被極不可能實現的巨大潛在利益所蒙蔽，沒有考慮到風險。你也可能因為害怕風險而放棄某個機會，即使風險非常小，以潛在好處抵消仍綽綽有餘。

> ### 高勝算決策
>
> 判斷決策的好壞時，需要知道的不只是可能合理發生的事，與可能的收穫和損失，還需要知道每一種可能結果發生的機會，優秀的決策者必須評估機率。

23 做決策就像弓箭手瞄準箭靶

大部分人對於要推測某件事未來的發生機率，會感到忐忑不安。我猜有部分原因是，多數的決策無法準確知道任何一種可能結果的發生機率。決策不像拋硬幣，你能肯定硬幣丟出人頭的機率是 50%。

以多數決策來說，你沒有所需的一切資訊，能客觀完美地說出某件事發生的機率，於是你給出像是完全出於主觀的答案，或者更糟糕的情況，是給出錯誤答案，因此你大概不太願意做猜測。

- 倘若你不曾在波士頓生活或經歷過那份工作，你怎麼知道自己有沒有可能喜愛波士頓或那份新工作？
- 你怎麼會知道自己有沒有可能喜歡一間不曾上過的大學？
- 你怎麼會知道股票將來有沒有可能上漲？
- 你怎麼會知道這位新顧客時，是否有可能與你達成交易？

用一句話總結，你大概會想：「我只是猜測。」
於是我們回到了那頭北美野牛的案例。

非對即錯的思維，是猜測的阻礙

在前文的案例中，無論你猜那頭野牛有多重，如果「正確」意指準確猜出那頭牛的真實重量，那差不多可以確定你沒有猜中正確答案。

關於那頭野牛，有很多資訊是你不知道的，你只是試著用一張照片猜測。就算你本人在現場，大概也無法測量野牛得到準確的體重，或者知曉牠的年齡和性別。假設你剛好知道如何將野牛趕上磅秤，也不可能剛好手邊有動物用磅秤。

猜測時，完備的知識與你具備的知識，兩者間的落差讓你感到困擾。

你知道野牛的真實重量有個客觀的正解。如果有完整的資訊、如果你全知全能，你就會知道準確的數字，但你並非全知全能。

於是你覺得苦惱，彷彿不是要你揣測，而是要你扛著野牛走（至少扛著野牛不需要知道牠有多重，因為你確定牠足以把你壓垮）。

如果某件事有正確答案但你卻不知道，這種猜測的感覺並不好受，因為你知道自己的答案不一定正確。而正確的相反是什麼？錯誤。誰又想出錯呢？

> **高勝算決策**
>
> 只有「對」與「錯」，沒有介於兩者間的思維方式，是做出
> 良好決策的重大障礙之一，因為好決策需要願意猜測。

知識和資訊多少派得上用場

　　人們總是將不確定的估算以「我只是猜猜看」推託，意思
是知識不夠完備，才讓你的答案像是胡亂且隨意的猜測。我們
執著於沒有掌握所有資訊，卻忽略自己所知道的一切。

　　雖然你確實不知道野牛的準確重量，但不代表你一無所
知。生活在這世界上，你知道的東西其實很多：

- 你對物品的重量大致上了解得不少：儀器設備比紙箱
  重、石頭比羽毛重、野牛比人重、非常大的物品幾乎都
  比非常小的物品重。
- 你對一隻貓或狗的平均重量大致有個概念，說不定還知
  道母牛的平均重量。
- 你大略看得出野牛和周遭汽車的相對大小，或能比較逗
  弄野牛的人與野牛的大小差異。

- 你知道自己有多重。
- 你知道野牛比那個人重。
- 你大概知道汽車有多重，還知道汽車可能比野牛重。

雖然你的知識可能不完備，但不代表你的猜測就是瞎猜，即使你沒有完備的資訊，但是關於野牛的重量，你有的知識比毫無資訊多出許多。

這也就是為什麼我樂意打賭，你的猜測不會低於 45 公斤或超過 4,500 公斤，因為我知道，你其實知曉很多資訊。

你本來就不是一無所知，多多少少知道些什麼資訊，即使知道得不完全，也好過什麼都不知道。到了決策時，你會因為展現自己努力的成果而獲得榮耀。

如果你總是說：「我只是猜猜看。」不把估算機率當一回事，那就是想擺脫麻煩，不願去深入了解自己到底知道哪些資訊，或是還能發現什麼。一旦以「我只是猜猜看」推託，就再也不用做功課。一旦放棄，你甚至不會費心將擁有的知識運用在決策中。

每一次推測時能用上的知識或許很少，但對於決策的品質會造成差異，即便差異不大，久而久之也會如複利般積少成多。決策品質的小幅改善，長期下來將有很大的收益。因此不要只因為「只是猜測」，將你所知道的知識與資訊扔進垃圾桶。

高勝算決策

不要忽略對與錯之間的領域。

不要忽略少錯一點或更接近正確的價值。

據理推測：讓你的所知有價值

我們有個辦法可以區分猜測是否有依據。**有依據的猜測稱做「據理推測」（educated guess）**。這不是推測有沒有理論根據的問題，而是程度問題。

高勝算決策

關於猜測有個祕密，所有的猜測都是據理推測，因為你幾乎無法對一無所知的事情做推估。

一個人的知識狀態，可以想像成從一無所知到資訊完備的連續體（見圖 4-2）。

圖表 4-2　知識狀態的變化

　　一無所知代表你什麼都不知道，資訊完備代表你什麼都知道。大部分你要評估的事，不會在一無所知或資訊完備的兩個極端，通常位會在中間的某處。

　　如同猜野牛重量的例子，少許知識並非一無是處，即使你對野牛的重量僅略知一二，也可以將範圍從 0 公斤到無限重，縮小到 360 公斤至 1,600 公斤的區間。排除很大的範圍、縮小區間。你可能還是無法確定重量是多少，但已經有很大的進步，並且更接近答案了。

　　如果你考慮接受波士頓的工作，卻無法確定自己是否會喜歡那份工作，也無法確知自己是否喜歡波士頓，但你不是一無所知，而是對工作和城市都略有了解。**你的所知是有價值的，就像猜測野牛的重量。**

　　據理推測的價值在於，你愈是願意做推測，考慮的就愈多，也愈能應用自己的知識，你也會開始思考，還能找出什麼資訊，讓你更接近答案。

高勝算決策

無論是在估算一頭野牛的重量，還是應用程式 Kingdom
Comb 是否能成功，決策者的職責就是弄清楚 2 件事：

1. 我已經知道哪些事情，可讓我的推測更有依據？

2. 我還能發現什麼，讓推測更有依據？

沒命中不代表推測完全錯誤

　　要成為優秀的決策者，有一部分是要轉變看待「推測」的
心態。不要因為自己可能不「正確」，或認為任何不完全正確
的事都等於「錯誤」，就對推測感到不安，而是要如弓箭手看
待箭靶般看待推測。

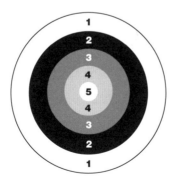

圖表 4-3　像弓箭手看待箭靶般看待推測

決策就像射箭，並不是全有或全無的存在。弓箭手並非只有射中靶心才算得分，射到其他地方都不算命中，而是只要射到箭靶都能得分。

推測的價值不在於猜測究竟是「正確」還是「錯誤」。

你的推測就像弓箭手的箭，如果你全知全能，推測就會永遠準確無比，箭箭射中靶心。

在做據理推測時，瞄準的是靶心，雖然可能錯過準確的答案，但是就像弓箭手，射中鄰近靶心的地方還是能得分。

箭沒射中靶心也沒有關係，重點是瞄準目標。**瞄準靶心做據理推測，會更接近準確命中，因為能促使你評估自己知道與不知道什麼，激勵你更廣泛的學習。**

弓箭手的心態就是肯定瞄準目標的價值，也是承認任何推測並非隨意為之，而是據理推測。否則，你的決策會更類似故意蒙住眼睛找目標的「釘驢子尾巴」（pin the tail on the donkey）遊戲。

釘驢子尾巴遊戲不再受兒童生日派對青睞的原因，就是戴上眼罩蒙住眼睛轉圈後，拿起尖銳的物品刺，戳中驢子尾巴的機會，跟戳到切蛋糕的人一樣大。

大部分的人都是抱著釘驢子尾巴的心態來過日子。

決策就是一種推測

即使你企圖釘驢子尾巴，你還是有瞄準標靶，只是因為蒙住眼睛，瞄準得很差而已。

同理，決策也是一樣，就算沒有明確考慮可能組合、偏好和機率，依然是在做這些估算。任何決策都隱藏著一種信念，**相信你選擇的選項比落選的選項更有機會為你帶來好結果。**

無論是否承認，做決策就是在推測事情可能如何發展。

弓箭手射箭，箭自然而然會射中某樣東西。如果是推測，你可能像弓箭手一樣專心瞄準目標，也可能像參加派對玩遊戲，戴上眼罩拿著大頭針到處刺，直到有人流血或幸運刺中目標。因此最好還是拿掉眼罩，睜大雙眼瞄準目標。

只要你承認你就是在推測，未來決策便能充分發揮能力，將已知的知識帶到決策中，並得出還需要學習的知識，讓你的知識狀態連續體，從一無所知逐漸接近知識完備。

> **高勝算決策**
>
> 你的選擇是對不同結果發生的可能性進行推估。

24 運用表達可能的詞彙，讓好選項浮現

　　執行步驟 3 的第一個動作，就是運用表達可能的常用詞彙，替決策樹填上機率。

　　語言中有很多詞彙，可以用來表達某件事發生或某件事為真的可能，例如：「頻頻」和「很少」。推特舊金山總部資料科學家安德魯‧莫布新（Andrew Mauboussin）與美國策略投資專家麥可‧莫布新（Michael Mauboussin）為了方便進行調查，將這類詞彙整理成一份相當完整的清單（見圖表 4-4）：

幾乎總是	多半	可能性非常大
幾乎確定	從不	十拿九穩
總是	不常	不太可能
肯定	時常	經常
頻頻	可能	機率高
很可能	八成可能	機率低
大概	很少	機率中等
或許會	實際可能性	

圖表 4-4　表達可能性的常用詞彙

可利用這份清單，為決策樹添加與結果發生機率相關的資訊。記住，所有猜測都是據理推測，所以即使無法明確知道，也不要害怕嘗試推測結果的可能性，據理推測好過完全不猜測。

圖表 4-5 示範如何使用這些詞語，表達波士頓工作決策不同結果的可能性：

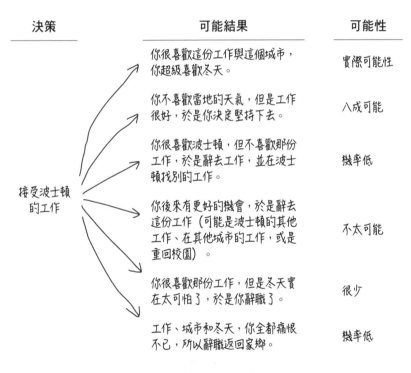

決策	可能結果	可能性
	你很喜歡這份工作與這個城市，你超級喜歡冬天。	實際可能性
	你不喜歡當地的天氣，但是工作很好，於是你決定堅持下去。	八成可能
	你很喜歡波士頓，但不喜歡那份工作，於是辭去工作，並在波士頓找別的工作。	機率低
接受波士頓的工作	你後來有更好的機會，於是辭去這份工作（可能是波士頓的其他工作、在其他城市的工作，或是重回校園）。	不太可能
	你很喜歡那份工作，但是冬天實在太可怕了，於是你辭職了。	很少
	工作、城市和冬天，你全都痛恨不已，所以辭職返回家鄉。	機率低

圖表 4-5　為選擇的可能結果添加發生機率

若出現不好的結果，結果論和後見之明偏誤可能會讓你怪罪自己或別人，比如說，選擇搬到波士頓，結果顯示不順利。

藉由重組決策樹，依序納入偏好，並預估每種結果的發生機率，就能清楚看出最有可能的結果，依序從極好（喜愛工作、城市與天氣）排列到相當好，而很糟的結果則不太可能發生。

當然，如果是在決定是否搬到波士頓之前，就事先做好這項工作效果更好，**詳列結果的可能和機率，可以清楚地看出決策的品質。**

高勝算決策

決策樹加上了這項資訊，就能一覽各種可能性，看出優點與缺點的對比，分析收穫是否足以抵消風險。換句話說，你現在可以進行步驟 4，就考慮的選項，評估喜歡與不喜歡的結果之相對可能性。

這個步驟也暴露出利弊分析表的另一個弊端 —— 沒有任何關於正面或反面情況可能程度的資訊。利弊分析表無法讓人精確進行決策流程的步驟 3 與步驟 4，因為這兩個步驟都需要考慮機率。

　　如果無法執行這些步驟（步驟 1 至 4），幫你判斷考慮中的單一選項，就無法執行步驟 6，互相比較每種選項。

　　利弊分析表其實並非用於比較各種選項的工具，而是評估單一選項的輔助工具，甚至因為平鋪直敘，即使用來評估單一選項，也不是特別有用。雖然可能比完全不用工具好（只不過這一點還不是很確定），不過不妨拿榔頭把螺絲敲進櫥櫃裡，缺點是那會造成不穩定的結構。

針對回報做推測，更能聚焦重要的事

　　截至目前為止，討論的都是一般情境的結果，但**對於決策，你真正關心的是某個決策結果的特定部分，也就是某個回報**。這時可以將焦點縮小在針對回報做推測，以便更精準聚焦在重要的事。

　　如果是做關於投資的選擇，你可能特別關心金錢回報。這時，衡量的焦點或許可集中在特定時間段內，投資成長到 4 倍或雙倍、增加 50％、虧損一半或歸零的可能性。

　　如果你想吃得更健康，可能要考慮是否別再路過休息室，減少接觸到休息室裡甜甜圈的機會。考慮這個決定時，可以問自己：「如果我去休息室，不吃甜甜圈、吃一個或兩個甜甜

圈，或全都吃下的機率各有多少？」

假設你要招聘員工，最大的痛點是員工流動率。將焦點縮小到可能受僱者在 6 個月後、1 年後或 2 年後仍留在公司的可能，可以更清楚評估決策中最關注的部分。

圖表 4-6 是聚焦在員工留任的決策可能情況。

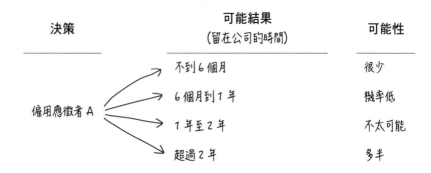

決策	可能結果 (留在公司的時間)	可能性
僱用應徵者 A	不到 6 個月	很少
	6 個月到 1 年	機率低
	1 年至 2 年	不太可能
	超過 2 年	多半

圖表 4-6　聚焦使決策評估更加清楚

縮小焦點並鎖定特定層面，簡化結果組合，步驟 4 就變得清楚明白。而且透過如蘋果對蘋果般的同類比較，某個選項對比其他可得選項的評估，自然就變得更加清晰明白。

現在可以針對其他應徵者重複這個流程（步驟 5），並比較每種選項（步驟 6），找出哪一種選項最有可能解決暴漲的招聘成本。可以比較兩種選項，看看哪一種最可能達到你想要的結果。

圖表 4-7 的例子中，應徵者 A 無疑是入選者。

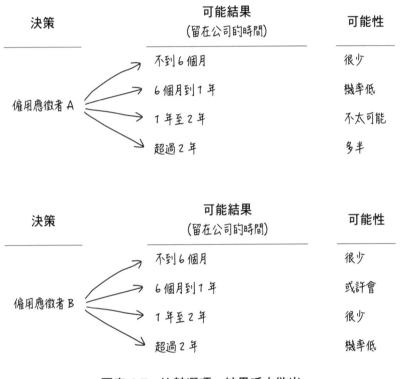

圖表 4-7　比較選項，結果呼之欲出

決策訓練

我們來試試一些機率詞語的規模大小。

在最近的健康檢查中，醫生注意到你的血糖值遠超出正常範圍，建議你調整飲食，並開始定期健身。

你同意她的飲食建議，甚至主動表示會多吃未經油炸的蔬菜，還考慮遵循她的建議多運動，加入健身房 Sweat Sensations 會員。

在考慮是否加入健身房會員時，實際去健身的頻率是你關心的回報。你試著按照醫生的指示增加運動量，因此多久去一次（假設你到健身房會非常積極的健身）就是你評估決策時最關心的層面。愈常去健身房、運動得愈多，對身體健康的好處就愈大。相反地，去得愈少，好處就愈小。

以下是可能結果的合理組合：

①你上一次去健身房，是為了領取有照片的會員證。你打算去健身房，有很長一段時間還把證件帶在身上，但最後證件埋沒在書桌抽屜裡。換句話說，1 週內，你一次也沒去。

②一開始你會定期去，但次數愈來愈少，直到後來 1 週只去 1 次，坐在最老舊的飛輪上，一動不動地啜飲冰沙。

③你1週去健身房3次，最後成為習慣。

④你成為健身狂人，不僅聘請教練，還1週去5次。

1.如果你決定加入健身房會員，引用莫布新詞語組合的
　詞，替每種結果的可能增加適合的詞語。你可能是健身
　房的定期常客，也可能非常討厭健身，因此這個練習的
　答案，以考慮加入健身房的一般人角度來回答即可。

決策	可能結果 (健身頻率)	可能性
加入 健身房	1週0次 →	
	定期去，漸漸減少到1週1次 →	
	1週3次 →	
	1週5次 →	

2.做這些評估時，你用到哪些見解和知識？

_____

_____

_____

使用詞語表達機率的優點

替決策樹增加機率的推估，與只找出可能性和偏好相比，能大幅提升決策的品質。想做出更好的決策，必須考慮任何結果的可能性，包括你偏好的結果與你想避開的結果。少了這個步驟，很難評估選項本身的品質，甚至更難比較各選項。

如果你的目標是 1 週運動 3 次，而從你的評估來看，健身房的會員身分還不夠，這就促使你觀察其他選項。例如：增添居家健身器材、騎自行車、上班爬 15 層樓梯當作上健身房運動。你可以比較各選項，判斷哪一種最可能讓你得到嚮往的回報，改善健康。

25 把未知變已知的兩大問題

　　將心態轉換為要求自己瞄準目標的弓箭手，有個很大的好處，能促使你問出前文提及，與推測價值相關的兩個問題：

1. 我已經知道哪些事情，可讓我的推測更有依據，以及我要怎樣應用那些知識？
2. 我還能發現什麼，讓推測更有依據？

　　瞄準目標會讓你熱切渴望回答這兩個問題，將事情從「你不知道的事物」那端，移往「你知道的事物」那端。

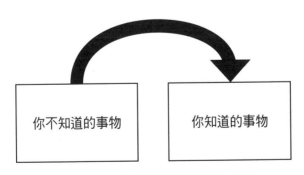

圖表 4-8　兩個問題釐清資訊和見解

你的見解是你做任何決策的部分基礎，會影響你認為哪些選項可用，並推估決策可能的方向，還會影響你判斷事情或事情成真的可能性，更會影響你對回報的想法，甚至影響你的目標和價值觀。

高勝算決策

改善決策的主要武器，就是將一些「你不知道的事物」變成「你知道的事物」。

有個問題，其實我們的所知和不知應該更像圖表 4-9。

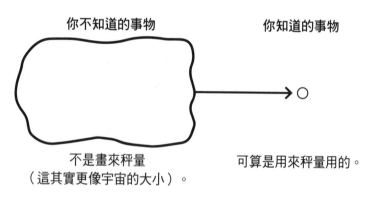

圖表 4-9　你的所知與不知呈現的形象

你知道的事物比較像是針尖上的微塵，而不知道的事則像宇宙那麼大。

雖然你知道的事如微塵般渺小，似乎頗令人氣餒，但是有個好消息，如果對推測抱持正向態度，認為每次學習都有收穫，將「不知道的事物」轉化為「知道的事物」，可以打穩你的決策基礎。

關於我們知道的事，有兩個主要問題：

1. 我們只是知道得不太多，因此學習新事物會強化基礎，讓基礎更加堅固。
2. 我們知道的事物充斥著不精確。

我們有許多見解並非完全正確，可以將這些不精確想像成基礎中的裂縫。修補裂縫和支撐基礎的唯一辦法，就是找出見解中的不精確，而唯一能找到相關資訊的地方，就在我們不知道的宇宙中。

因此這也是問自己可能性、回報與未來各種發展方向的機率，對於做出良好決策來說如此重要的原因。這會迫使你評估自己知道什麼，並找出不知道的資訊。

還有更好的消息，那一點微塵通常就足夠接近靶心。你知道的不必如想像中那麼多，就能從可能答案中獲得重大進展，

就像評估野牛的重量一樣。

　　這就是決策方法的開始為「檢視你知道什麼」的妙處，即使你認為需要顯微鏡才能檢視你知道什麼，但其實，只要一點點知識就大有幫助，知道得愈多就更好。

檢視自己的已知資訊

　　決策流程會受到兩種不確定因素的干擾：

1. 不完備的資訊。
2. 不完備的運氣。

　　不完備的資訊是在決策前干擾，運氣是在決策之後、結果之前干擾（見圖表 4-10）。

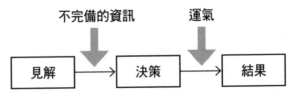

圖表 4-10　影響決策的兩種不確定因素

運氣是你無能為力的事物。「運氣是自己創造的」這句話是一廂情願的想法,也可以說是對運氣的認識不足。如果你有兩種選擇,一種有 5% 的機會成功,另一種有 95% 的機會成功,你可以控制自己的選擇,做出比較好的決定,可提高成功的可能。

一旦做出選擇,即使挑選有 95% 機率成功的選項,也無法控制結果。根據定義,有 5% 的機率會得到不好的結果,而你無法控制那 5% 什麼時候發生。

本書的焦點大多放在設法幫你選出較好的選項,但因為運氣,你的選擇無法保證有好的結果。

相反,**資訊不完備的不確定,有一部分是可控制的**。你的見解影響決策,而你有能力提升見解的品質。雖然你很不容易能得到完備的資訊,但可以更接近完備。

以機率思維做決策

雖然「經常」、「時常」或「鮮少」等詞語是生硬的工具,但聊勝於無,因為它們可以協助你瞄準目標。這些是每天都在用的詞語,因此用起來應該相當游刃有餘,能提供簡易的方式,將決策轉化為機率思維。

　　就算始終免不了使用這些生硬且不精確的工具來評估機率，還是有個工具可幫助我們在從結果學習時，能減輕結果論和後見之明偏誤對判斷力造成的巨大傷害。

　　在未來做新決策時，能有更全面的概念，考慮選項的可能結果，評估對結果的偏好與可能性。啟發你以慎重、明確且有益的方式，思考未來的可能狀況，自然就提升決策的整體品質。

26 摘要：
掌握偏好、回報與機率

這些練習是為了讓你思考以下的概念：

1. 將偏好、回報和機率納入決策樹，是良好決策流程不可或缺的一部分。

2. 偏好是個人獨有的，取決於個人的目標與價值觀。

3. 回報指結果是導致你邁向目標，還是偏離目標。

4. 有些可能結果的回報，是你獲得重視的某樣東西，這些即構成決策的潛在好處。

5. 有些可能結果的回報，是你失去重視的某樣東西，這些即構成決策的潛在壞處。

6. 風險是你面臨的不利趨勢。

7. 回報可用你重視的任何事物衡量，如：金錢、時間、自己或他人的快樂、健康、財富、社交身價等。

8. 設法了解一項決策是好是壞，就是在比較優點和缺點，釐清潛在好處是否足以抵消潛在壞處帶來的風險。

9. 機率表達某件事發生的可能。

10. 結合偏好、回報與機率，有助於更理想地解決經驗的悖論，跳脫特定結果的陰影。

11. 結合偏好、回報與機率，有助於更清楚評估與比較各種選項。

12. 利弊分析表平鋪直敘，缺乏回報的規模程度，也沒有與好壞結果發生機率相關的資訊，因此在評估與相互比較選項上，是劣質的決策工具。

13. 大部分人不太願意推估某件事未來的可能性，常以「那是揣測」、「我知道的不夠多」、「我只是猜猜看」等用詞推託。

14. 即使資訊不完備，你對多數事情仍舊略知一二，足以做出據理推測。

15. 願意做推測是改進決策的必要條件，如果不自己推測，就不可能問出「我知道什麼」與「我不知道什麼」兩個問題。

16. 可以使用常見詞語表達機率，以思考結果發生的機率，看出相對可能的情況，並讓你對最佳和最差結果的整體可能，有簡略印象。

檢查清單

評估過去的決策或做新決策時，參考六步驟以精進決策：

☐ 步驟 1：找出合理的可能結果組合。這些結果可能是一般情境，或是側重結果中你特別關注的特定層面。

☐ 步驟 2：根據你的價值觀和對結果的喜好或討厭程度，以結果的回報判斷你的偏好。這些偏好是由結果的相關回報驅動，收穫構成優點，損失構成缺點。將這個資訊納入決策樹。

☐ 步驟 3：判斷每種結果發生的可能。可以用表達機率的常用詞語，不要害怕猜測。

☐ 步驟 4：就考慮的選項，評估喜歡與不喜歡的結果之相對可能性。

☐ 步驟 5：針對其他考慮選項重複步驟 1 至步驟 4。

☐ 步驟 6：互相比較各種選項。

專欄　眾人的猜測比專家更精準

　　1906 年，英國科學家法蘭西斯·高爾頓（Francis Galton）觀察一場比賽，有 800 個人買票猜測一隻肥牛的重量。比賽後，高爾頓蒐集票根，期望透過這個臨時起意的實驗，證明集體推測遠遠不如詢問專家。

　　結果他發現，儘管專家可能會比大多數人的猜測更接近正確答案，但人們的猜測也相當接近實際重量，而且所有猜測的平均值（屠宰並調理之後為 540 公斤），和那頭牛的實際重量竟然相差不到 0.5 公斤。

　　2015 年，全美公共廣播電台（NPR）的《星球金錢播客》（*Planet Money Podcast*）根據這個實驗進行一次線上版實驗。他們貼出一張照片，由公司一位 75 公斤的特派員站在一頭名叫潘妮洛普（Penelope）的牛旁邊，請讀者猜猜潘妮洛普的重量，共有超過 1 萬 7,000 人回答（見圖表 4-11）。雖然他們的測試沒有如高爾頓的實驗接近答案，但猜測的平均值 585 公斤（1,287 磅），也是相當接近潘妮洛普的實際重量 615 公斤（1,355 磅）。

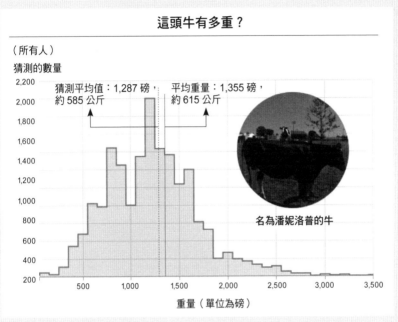

（資料來源：網際網路）

圖表 4-11　人們猜測牛的重量

第 5 章

如何精準提高成功率？

27 避免出錯，也造成失準的詞彙

✎ **決策訓練** ···

回頭再看安德魯與麥可‧莫布新表達可能性的詞語清單。
他們蒐集清單是為了進行調查，找出一般人使用這些詞語
時，對應的機率是什麼。

1. 接下來，你會看到莫布新的調查，還有機會自己做一
   次。下方列出所有詞語，旁邊還有 4 個空白欄位，在每
   個詞語旁的第一個欄位，填上你使用該詞語時，希望事
   件發生的可能性，以 0% 到 100% 的百分比表達機率。

   舉例來說，當你說：「我認為那件事有發生的實際可能
   性。」這時，發生的機率是多少？你預期發生的百分比
   是多少？

   有些人覺得用百分比表達機率不太自然，所以寧願用詞
   語表達。如果你也是，或許這樣問會比較自在：「如果
   用這個詞語描述某個結果的可能性，我認為 100 次當中
   會發生多少次？」

比方說，你丟一枚硬幣 100 次，你認為其中有幾次會出現人頭，你會用什麼詞語形容丟出人頭的機率？

如果美國職棒大聯盟洛杉磯天使隊（Los Angeles Angels）的外野手麥可·楚奧特（Mike Trout）走上打擊區 100 次，100 次中會有幾次擊出安打，你會用什麼詞語形容擊出安打的機率？

如果你打網球，發球 100 次，你認為其中有幾次可以發球成功，你會用什麼詞語形容發球成功的機率？

如果你上班時經過休息室 100 次，你認為其中有幾次會拿甜甜圈來吃，你會用什麼詞語形容機率？

如果你以應用程式 Kingdom Comb 創業 100 次，你認為 100 次中，會有幾次能在初期階段獲得數百萬美元的收購提議，你會用什麼詞語形容機率？

100 次當中會發生的次數，可直接轉換成以百分比表達的機率。如果你認為某件事在 100 次中會發生 20 次，那就是 20%的機會。如果你認為某件事在 100 次中會發生 62 次，那就是 62%。如果你認為 100 次中會發生 99 次，那就是 99%。

所以當你認為某件事「超有可能」（不在調查中的詞語），100 次中會發生 85 次，代表「超有可能」相當於

85%的機率。按照這個例子，假設你說：「我經過休息室，超有可能會拿甜甜圈來吃。」可轉換成 100 次中有 85 次或 85%的機率，你會朝休息室的甜甜圈下手。

填寫完你的答案後，另外找 3 個人做調查。參加調查的人在完成之前不能看別人的答案。用這些詞語詢問他們並記錄答案，或是蓋住已經填寫的欄位。

	你	A	B	C
頻頻				
幾乎確定				
時常				
不常				
十拿九穩				
機率低				
八成可能				
幾乎總是				
經常				
大概				
實際可能性				
很可能				

	你	A	B	C
機率中等				
多半				
機率高				
不太可能				
肯定				
總是				
從不				
可能性非常大				
很少				
或許會				
可能				

2. 比較這 4 組答案，一致性有多高？圈選一個答案。

很多　　　　普通　　　　一些　　　　幾乎沒有

3. 哪些詞語涵蓋的最低機率到最高機率範圍最大？

_____

_____

4. 你覺得不一致的分歧程度令人驚訝嗎？　　□是　□否

每個人對同一個詞語的詮釋不同

我猜你有發現,詞語代表的意思有許多分歧,莫布新在 1,700 人的調查中也觀察到這個現象。可參考圖表 5-1,顯示調查樣本賦予每個詞語的機率範圍(每個詞語的答案平均值,以塊狀陰影區域中的線條表示)。

可以清楚看到大家使用這些詞語時,心中所想有著巨大差異。

有些詞語的範圍廣泛得令人吃驚,我猜你在 4 人調查中也有發現。比方說,「真實可能性」的範圍從約 20% 到 80%,參加調查的人有四分之一認為,這個詞語代表 40% 或更少,四分之一認為代表 40% 到 60%,四分之一認為代表 60% 到 75%,剩下的四分之一認為代表 75% 以上。

大家對「總是」與「從不」的意思,甚至也有不同的意見。

多數人對這個結果相當意外,一般人通常沒有察覺,這些詞語對不同人的意義有如此大的差距。我們以為用同一個詞語時,其他人的用法跟自己相同,代表的意思也跟自己一樣。這現象也會出現在常用詞語。

因此前文的練習顯示,常用詞語其實是生硬的機率表達工具,含糊不清且反映著很廣的標的範圍。當然,這點也是大家喜歡使用詞語表達的其中一個原因,擔心會「出錯」,所以使

用模稜兩可的詞語，就能保留餘地。不過保留餘地有很大的代
價——其他人對同一詞語的詮釋可能大不相同。

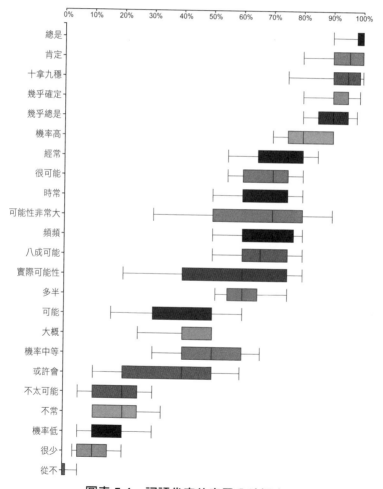

圖表 5-1　詞語代表的意思分歧極大

用詞含糊不清，很難把未知變已知

這些詞語的含糊不清，使你在將不知道的事物轉成知道的過程，產生很大的問題。如此一來，決策基礎中因為見解不精確而造成的裂縫，就更難修補，也更難藉由擴大知識鞏固基礎。

然而，你不知道的事物，有很多存在於別人的腦袋裡，所以爭取讓別人對你相信的事或你做的決策提出意見，是擷取知識的好工具之一。但是當你用這些詞語和人溝通，心裡所想的可能和別人聽在耳裡的截然不同。這是個大問題，因為要他人對你的決策與見解提出高度真實的意見，你說的語言必須和提供意見的人相同。

如果你認為某件事有 30％的機會發生，而與你交談的人有可靠的訊息，顯示發生的機會有 70％，發現不一致就有助益。你需要存在於他們腦中的資訊來糾正你的見解，無法擷取那些資訊就是錯失良機，而你根據原有評估做的決策品質也會比較低。

> **高勝算決策**
>
> 你使用著這些生硬的詞語，卻絲毫沒有察覺，你和對話的其他人通常說著不同的語言。

如果你精確地以百分比表達機率，傳達自己的意思，不一致的分歧立刻昭然若揭。假設我說某件事發生的機率有 30％，你說發生的機率有 70％，就能知道彼此有分歧，便沒有不明確且模稜兩可的情況。

但如果我說：「這件事有發生的實際可能性。」當中的不一致依然隱而未顯，因為你可能不知道我想的「實際可能性」意味著 30％ 的機率，而我可能不知道你以為那代表 70％ 的機率。由於我們說著代表著不同意義的詞語，你可能只是點頭表示同意，卻始終沒有提出寶貴的糾正。我使用模稜兩可的詞語，結果錯過機會更新和校正見解，也就錯失大好良機。

想想看你這一生錯過的所有機會，累積起來對決策品質造成的影響。

精確會顯露出不一致，也會暴露你和別人見解不同之處。這是好事，因為在有錯時及時發現，能給你機會將事情做對。

想像「2 加 2 是一個小數目」的說法，有助於改善你的數學，但無助於讓你成為專家。「一個小數目」嚴格來說是正確的，但是被老師糾正，小數目在你心中的答案是 5、2 或 4，會更有幫助。沒那麼精確的答案確實更不容易出錯，但如果要精進數學，你會更希望能知道答案什麼情況下是錯誤的。

不精確也會讓你更難負起責任。容許的標的範圍愈大，愈不可能搜尋到資訊幫你獲得更精確的答案。保留餘地不僅讓你

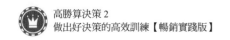

擺脫了對其他人的責任，也包括對自己的責任。

因此，這便是精確為什麼如此重要。

有許多案例顯示，機率詞語的不精確，會造成脫離掌握的高風險後果。美國賓州大學教授菲利普·泰特洛克（Philip Tetlock），在 2015 年的著作《超級預測》（*Superforecasting*）中提供一個案例。豬玀灣事件中，前美國總統甘迺迪批准中情局（CIA）推翻古巴政治家卡斯楚（Fidel Castro）的計畫時，事先徵詢過軍事顧問的意見，想知道此舉能否成功。參謀聯席會議（Joint Chiefs of Staff）告訴甘迺迪，中情局的計畫成功的「機會均等」（撰寫評估的作者認為是 25%）。由於甘迺迪認為「機會均等」代表的機率更高，於是批准計畫。最終，計畫失敗，整個行動顯得粗糙外行，並讓美國在冷戰關鍵時期臉面無光。

28 用百分比的機率替代詞彙表達

當然，使用文字表達機率，不完全是毫無價值，用詞語表達可能，是一種不錯的方式來訓練以機率思考。運用這些詞語，會促發人去思考某事發生的可能，思考你喜歡或不喜歡的結果發生的機會，提供你比較各選項的方向。最重要的是，它會啟動一連串的流程，讓你問自己：「我知道什麼、我還能知道什麼？」這些都是使用文字表達能帶來的好處。

但是一旦啟動評估的流程，你會希望超出這些詞語的限制，原因正是它們吸引人之處 —— **保留餘地讓你比較不容易出錯**。

敞開心胸接受精確與做出具體推測的責任，或許會令人害怕，但值得一試，就像弓箭手會告訴你：「多練習瞄準靶心，愈有可能射中，也愈有可能更接近靶心，獲得更高的分數。」是的，多運用那些詞語，就是在瞄準箭靶，但其實還不算瞄準靶心。

從以語言表達可能，進展到以百分比表達，就如同是在釘驢子尾巴的遊戲中，逐漸將眼罩拿開。

有個好消息，**你已經擁有一份將表達機率的詞語轉化為百**

分比的清單了。

你可能會疑惑是什麼清單，就是先前在回答莫布新調查的答案時，所建立的清單。如果你在估算特定結果發生的可能時，腦中冒出其中一個詞語，可以回頭參考清單，但是不使用詞語，改用百分比表達詞語代表的機率。

以機率表達可能性，讓評估更精確

以第 4 章的招聘決策樹為例，將詞語做轉換。在這個決策結果中，最重要的層面，就是應徵者會在公司待多久。利用莫布新調查的答案平均值，以百分比替換詞語，2 棵相同的決策樹看起來就會如圖表 5-2（保留原本決策樹上的詞語以供參考）。

決策	可能結果 (留在公司的時間)	可能性 (詞語)	可能性 (%)
	不到 6 個月	很少	10%
	6 個月到 1 年	機率低	15%
僱用應徵者 A	1 年至 2 年	不太可能	20%
	超過 2 年	多半	55%

決策	可能結果 （留在公司的時間）	可能性 （詞語）	可能性 （％）
僱用應徵者 B	不到 6 個月	可能	35％
	6 個月到 1 年	或許會	40％
	1 年至 2 年	很少	10％
	超過 2 年	機率低	15％

圖表 5-2　可能性替換成百分比

　　將詞語轉換為百分比後，評估結果變得清楚明白。精確對步驟 6 的互相比較選項特別有幫助。以機率表達可能性，讓答案一目了然 —— 應徵者 A 更有可能在公司留得比較久。

◣ 決策訓練

1. 以稍早加入健身房的決策樹評估，同樣將機率詞語轉換成百分比。

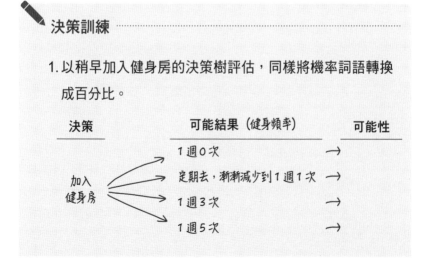

決策	可能結果（健身頻率）	可能性
加入 健身房	1 週 0 次	→
	定期去，漸漸減少到 1 週 1 次	→
	1 週 3 次	→
	1 週 5 次	→

2. 為什麼這些機率加總起來超過 100％？因為每種結果互不相干，所以應該調整機率以確保總和不為 100％。潛在可能的總和不需要正好等於 100％，因為可能結果的組合並不詳盡，你關注的重點應在於合理的結果，而不是打算考慮所有結果發生的機率。

當然，也有極微小的機會有小行星撞上波士頓，或是你中樂透，再也不必工作，又或是你加入地下政治運動，在麻州脫離美國後成為新波士頓的市長。但這些結果不能算在「合理」的類別，所以將這些納入你的決策流程通常沒有用。

由於可能清單不可能鉅細靡遺，機率加總起來可能不到 100％。即使如此，互不相干的結果，機率加總後也不會超過 100％。

29 圈出預測範圍，設定上下限

當你有完備或近乎完備的資訊，就能知道準確的機率，等於能精準知道靶心所在，並且命中靶心。

下一次拋正常的硬幣，你知道有 50％的機會落在人頭。

以麥可・楚奧特的生涯平均打擊率 0.305，你能知道他下一次的打擊，有 30.5％的機會擊出安打。

你能確定硬幣和棒球選手的事，因為你有這麼多的相關資訊，但人生很少遇到像硬幣或楚奧特的情況，情境往往更接近於猜測野牛重量。

無論是多久去健身房運動一次，或是你究竟能憑共享美髮應用程式 Kingdom Comb 致富還是破產，你評估的多數事情，都不可能有近乎完備的資訊。雖然儘量做到精準估算會很有幫助，但是清楚知道你對別人和對自己的「據理推測」，有多少「根據」也相當重要。**你需要清楚知道自己的見解有多不確定。**

有一個簡便的方法，可以表達你在一無所知到資訊完備的連續體中的所在位置。框出涵蓋準確推估的範圍，就如同箭靶靶心外圍一圈。透過圈出範圍，表達你心中答案的可能最低合理價值（下限）和可能最高合理價值（上限）。

如果照這個方法估算野牛的重量，我設定的靶心估計值大概是 815 公斤，下限可能約 500 公斤，上限則約 1,590 公斤。範圍設定得很廣，是因為我對野牛重量的了解不多。即使如此，制定範圍也排除了很多可能性，因為我對於重量問題也不是一無所知。

如果你要估算平常的通勤時間，而你居住在鮮少有交通堵塞、大興土木，天氣還很穩定的城鎮，你評估通勤時間的上限與下限，之間的相差不會非常大。

但是，如果你住在美國科羅拉多州（Colorado）的斯諾馬斯村（Snowmass Village），季節交通潮和冬天的天氣，會使風景優美的愜意兜風，轉變成在結冰的險惡山路上走走停停的冒險。也意味著，在估算通勤時間時，因為夏天的天氣比較容易預測，遊客也較少，與駕駛情況較不確定的冬天相比，上限和下限之間的差距會比較小。

如果你日常通勤需要上洛杉磯的高速公路，估算的範圍就要拉大許多。在洛杉磯開車，交通順暢時只要 15 分鐘的路程，遇上交通流量大，可能就得花上幾個小時，這時你的範圍上限與下限間的差距，會明顯反映這一點。

範圍區間大不是壞事，反而更可能精確反映你的據理推測有多少根據。比起圈出狹窄區間、過分誇大確知之事，**忠實反映所知與不知而圈出的大範圍區間，反而更有幫助。**

大範圍區間能傳遞信號給自己和別人，暗示不確定的程度，也會啟動你的決策超能力，找出可以幫你縮小區間的資訊。

高勝算決策

靶心附近的範圍，確立標的區域大小，而且有個關鍵用途，能向自己和他人傳遞信號，暗示你對自己的猜測遲疑不確定，並能透露出你在一無所知到知識完備的連續體中的所在位置。

距離資訊完備愈遠，設立的標的範圍就愈大。愈接近擁有完備資訊，確立的標的範圍就愈小。極為罕見的情況是，資訊完備且毫無猶疑，這時標的就是靶心。

表明你的猶豫和不確定，會在兩方面提高你接觸新資訊的機會（特別是和你所想不一致的資訊）：

1. 如果你只分享靶心預估，很有可能展現出確信篤定的樣子，雖然可能是無心的。當你表現出確定、有把握的樣子，別人較不可能對你的見解提出糾正，進而填補你在決策基礎中的裂縫。會出現這種情況，可能因為他們覺得是自己有錯，不想分享個人想法而招致難堪，也有可

能是他們認為你有錯，卻擔心指出會讓你感到尷尬，如果你擔任領導職，這一點尤其成問題。

2. 為預測圈出範圍，是對聽者暗示：「你能幫我解決這個嗎？」當你圈出上下限，代表你位在一無所知到知識完備之間的某處，由於你的求助，聽者可以知道你的不確定，因此更有可能分享有用的資訊和觀點。

當你以百分比表達機率，並針對機率評估框出一個合理範圍，你可以最大限度地接觸你不知道的事物，也增加糾正資訊的機會，有助於修補不精確的個人見解，並提升決策的品質。

衝擊試驗，讓自己看清推測的盲點

設定範圍時，目的是針對評估中的事情，設定最低和最高的合理價值。但合理的意思是什麼呢？合理並不代表建立確保能將正確答案納入上下限之間的範圍，這個範圍根本沒有提供消息的作用。

野牛的重量是多少？如果我回答：「零到無限重。」可以保證這個範圍包含實際答案。

麥可‧楚奧特下次打擊安打的機率是多少？「0％到

100％。」又是萬無一失的答案。

替「2 加 2 等於多少」設定範圍？如果我的回答是：「負無限大到正無限大。」保證會捕捉到真正的答案。

3 個問題都正確，對吧？

也不完全正確，因為這些範圍並未精確反映「我知道的事物」和「我不知道的事物」。也就是說，我明明知道 2 加 2 並不等於無限大，卻將它納入範圍中。

有某些事大概是你一直以來都知道的資訊，所以在設定範圍時，需要反映這一點。**設定一個確保上下限之間一定有客觀正確答案的範圍，會過分誇大知識的匱乏，相反地，過分狹窄的範圍，也容易誇大你的真正所知。**

你瞄準的是介於太寬與太窄的平衡點，一個準確反映你的所知與不知的範圍。

那才是合理代表的意思。

> **高勝算決策**
>
> 目標是盡你所能地設定最狹小的範圍，如果靶心不在範圍內，你還是會相當受衝擊。

華頓商學院教授亞伯拉罕・懷納（Abraham Wyner）提出

一個取得合理上下限的好辦法，問自己：「如果答案落在這個範圍之外，我會非常震驚而受到衝擊嗎？」以此為標準，你的範圍自然就會反映你的據理推測有多少根據。

「是否相當受衝擊」的問法，能幫助在「範圍過度狹小，事實上並不確定」，與「範圍過於廣泛，答案永遠不出界限」，兩者之間達到真正的平衡。

決策訓練

1. 練習接受衝擊試驗。

針對下列 10 個項目，一一填上最佳靶心估計值（如果你不得不推測一個準確的答案，填上你的最佳據理推測），並給這個準確估計值設定一個範圍，代表你認為正確答案可能的最高與最低值。

記住，目標是設定最狹小的範圍，如果正確答案沒有落在這個範圍內，你會感到相當震驚、衝擊。

以「相當震驚」的思考方式，在這 10 個項目中，儘量有9 項將正確答案包含在上下限之內。注意，不是指範圍內要有至少 9 個正確答案，這樣代表 10 項全對是目標的一部分，反而會導致你將範圍設定得太廣。我在這裡的

意思是指，設法讓每個答案都有 90% 的機會捕捉到正確答案。

爭取在 10 項裡命中 9 項，是個不錯的經驗法則，能取得範圍太寬與太窄間的平衡。

還有一個重點，遇到不同的主題，你在一無所知到知識完備連續體的所在位置也會有所不同，你圈出的上下限範圍應該要反映出這一點。比如說，你對美國女演員梅莉・史翠普（Meryl Streep）所知不多，但對美國流行歌手王子羅傑斯・尼爾森（Rogers Nelson）瞭若指掌，下方 b 項目你圈出的範圍，可能就會比 c 項目大。

	靶心評估值	下限	上限
a. 你出生的城鎮目前人口數			
b. 梅莉・史翠普入圍奧斯卡獎的次數			
c. 王子過世時的年齡			
d. 第一次頒發諾貝爾獎的年分			
e. 國家美式足球聯盟（National Football League, NFL）的隊伍數量			
f. 居住在美國人口超過 100 萬的城市之機率			
g. 1860 年總統大選投票給林肯的人數			

	靶心 評估值	下限	上限
h. 自由女神像頂端的高度			
i. 英國搖滾樂團披頭四（The Beatles）登上 　告示牌第一名的單曲數量			
j. 美國一般成人死因為心臟疾病的機率			

答案請參考本章 p.188。

2. 10 項中，你設定的範圍，有幾項包含正確答案？＿＿＿＿＿

3. 你認為衝擊試驗的成果是否還不錯？　　　□是　□否

4. 如果是，為什麼？

＿＿＿＿＿＿＿＿＿＿＿＿＿＿＿＿＿＿＿＿＿＿＿＿＿

＿＿＿＿＿＿＿＿＿＿＿＿＿＿＿＿＿＿＿＿＿＿＿＿＿

如果不是，為什麼？

＿＿＿＿＿＿＿＿＿＿＿＿＿＿＿＿＿＿＿＿＿＿＿＿＿

＿＿＿＿＿＿＿＿＿＿＿＿＿＿＿＿＿＿＿＿＿＿＿＿＿

5. 哪一個答案你最有把握？

＿＿＿＿＿＿＿＿＿＿＿＿＿＿＿＿＿＿＿＿＿＿＿＿＿

為什麼？

＿＿＿＿＿＿＿＿＿＿＿＿＿＿＿＿＿＿＿＿＿＿＿＿＿

你設定的範圍有反映這一點嗎？　　　　□是　□否

這個範圍有包含真正的答案嗎？　　　　□是　□否

6.哪一個答案你最沒有把握？

為什麼？

你設定的範圍有反映這一點嗎？　　　　□是　□否

這個範圍有包含真正的答案嗎？　　　　□是　□否

小心過分誇大自己的知識

多數人大概會很意外，自己設定的範圍，竟然有那麼多項沒有包含正確答案。如果你只有 1、2 個錯過正確答案，非常值得讚許，因為多數人在這個測驗中，正確率不會超過 50％。

這個測驗顯示，人們通常會過分誇大自己的知識，卻不會低估自己的知識。我們通常太過確信自己的推測，甚至超出我

們的見解能確定的準確度。

但願從這個訓練和衝擊試驗中，你能看到更好的方法來處理推估。假設自己知道的沒有想像中多、見解沒有自己以為的準確，或者你其實比自己想像的還需要別人協助。這樣假設對自己會更有幫助。

多懷疑自以為了解的知識品質，會讓你更願意質疑自己的見解，也更迫切地渴望找出別人知道的資訊，這些都能有效改善你的決策品質。

高勝算決策

就像前文測試別人如何詮釋機率詞語一樣，找 3 個朋友做這項練習，看看他們的試驗做得如何。你會發現其實大家都不太能通過衝擊試驗。

決策訓練

1. 找一個在本書建立的決策樹，並針對每個可能結果的可能性，提出靶心估計值，同時納入每個靶心估計值的上下限。

決策	可能結果	可能性	下限	上限

2. 以範圍最大的結果來說，你能找到哪些資訊縮小範圍？

_____

_____

_____

3. 以範圍最小的結果來說，你能找到哪些資訊，確定這個範圍反映出你的過度自信？

_____

_____

_____

4.挑選其中一個結果。想像你發現結果的實際可能性不在
範圍內。你認為原因可能是什麼？

_____

_____

_____

避免過度自信的關鍵問句

過度自信會擾亂決策。

我們通常不太會懷疑自己的見解，對自以為知道的事情很
有信心，而對於不知道的事情，則沒有實際的認識。**無論是自
己相信為真的事、個人的意見，還是對未來發展的想法，都可
以抱持著適度懷疑。**

養成習慣問自己：「如果我錯了，是因為什麼？」可幫你
用懷疑心態看自己的見解，約束你的過度樂觀，並更專注在不
知道的事情。

問自己為什麼會出錯，也能使你相信的事情、抱持的意
見，與對未來可能想法等準確度提升。因為當你問自己：「能
發現什麼資訊讓自己改變主意。」在這過程中，其實可能就找

到相關的資訊了，而且在問答之際，你更有可能去探索。

即使無法馬上找出讓你改變主意的資訊，在未來也可能找得到。預先做功課，思考可能讓你改變想法的事情，會增加未來留意糾正資訊的機會，也會讓你在遇到指正時虛心接受。

決策訓練

1. 前一個練習中，針對問題 4 給出的每一個原因，問問自己是否能立刻找出相關的資訊。如果是，把它找出來。

2. 詢問自己「為什麼可能出錯」的流程，能否讓你調整自己的見解？請在下方空格仔細反思。

_____

_____

_____

_____

_____

_____

30 摘要：
如何精準提高成功率？

這些練習是為了讓你思考以下的概念：

1. 表達可能性的詞語，例如：「非常有可能」和「不太可能」，是有用但生硬的工具。

2. 改善初始評估的動力，能促使你檢查資訊並學習地更深入。如果你躲在安全的詞語後面，就沒有改善或調整的理由。

3. 用來表達可能性的詞語，對不同人來說，會有截然不同的意義。

4. 使用模稜兩可的詞語，可能導致困惑和混亂，還可能使你與他人溝通不良。

5. 以百分比表達機率除了能更加精確，也更有可能發現資訊，以糾正見解中不精確的部分，並擴展個人的知識。

6. 可利用莫布新調查的答案，將詞語轉換成精確的機率。

7. 除了做出如瞄準靶心般精確地評估，還要根據此評估提出範圍，以納入上下限表示標的大小，呈現你的不確定。

8. 範圍的大小暗示著你的所知與不知。範圍愈大，影響你做評估的資訊就愈少，資訊的品質也就愈低，需要學習的事物也就更多。

9. 範圍太大是在向他人暗示，你需要他們的知識和觀點來縮小範圍。

10. 利用衝擊試驗判定上下限是否合理：如果正確答案落在界限之外，你是否會感到震驚而受到衝擊？目標是讓估計值有大約 90％的機會，捕捉到客觀的正確值。

11. 養成習慣問自己：「我能找到什麼樣的資訊，讓我知道估計值或見解是錯的？」

檢查清單

以下列方式精確瞄準目標，改善你的估計值：

☐ 進行莫布新調查，了解機率常用詞語的意義。

☐ 如果你對具體估計感到不自然、不擅長，可參考調查的
　答案，將腦中想到的詞語，轉換成具體的靶心評估。

☐ 進行標的估計，圈出有合理上下限的範圍。

☐ 用衝擊試驗測試上下限是否合理。

☐ 問自己：「我可以發現哪些資訊讓我改變主意？」

☐ 如果有這樣的資訊，把它找出來。

☐ 如果沒有，未來要多加留意。

專欄　明確定義用詞，也承認不確定性

　　某些群體已經體認到用詞不精確造成的問題，因此他們同意在自己的專業訊息溝通中，以某些特定詞語，代表彼此一致同意的明確意義。舉例來說，當律師提出稅務意見，指出稅務情況「將」維持，代表有 90％至 95％的機率。書面稅務建議指出某狀況「應該能」維持，代表有 70％至 75％的機率。「多半」代表超過 50％，某意見有「實質權威」代表 34％至 40％，「實際可能性」代表 33％，「合理基礎」代表 20％至 30％。

　　稅務意見往往高度涉及客戶和律師的利害關係，這類意見可能是納稅人採納不確定立場的依據。客戶必須知道，萬一稅務情況無法維持，得承擔多少風險。也需要了解，萬一被裁定為不當，可能影響到納稅人是否要承擔額外的罰款，而提出該意見的律師，則有誤導客戶的瀆職風險。

　　我們應該努力效法這種態度。預測結果難以斷定，如同在複雜的金融交易中，律師針對豁免扣除額的書面意見一樣。我們應該像稅務律師一樣承認不確定的存在，確保相關人等都體認到這一點，並盡可能精確地直接面對。

p.177、178 答案

a. 你得自己查詢！

b. 史翠普曾入圍 21 次奧斯卡金像獎。

c. 王子於 2016 年 4 月 21 日過世時，得年 57 歲。

d. 第一次頒發諾貝爾獎是在 1901 年。

e. 國家美式足球聯盟共有 32 隊。

f. 在美國，有大約 8%的機會住在人口超過 100 萬的城市。

g. 1860 年有 186 萬 5,008 人投票給林肯。

h. 自由女神像有 93 公尺高。

i. 披頭四有 20 首歌登上告示牌排行榜第一。

j. 每 4 名美國成人中有 1 人死於心臟疾病，所以是 25%。

第 6 章

觀點決定
你的決策好不好

31 為什麼總是挑到渣男渣女？

決策訓練

你有關係緊密的多年好友，對方認為遭遇感情困擾時，你是傾訴的第一人選。

不管是透過網路、單身協會，還是在聚會中偶然認識的人，他交往的對象似乎都是怪咖或混蛋。你已經記不清花了多少時間，傾聽朋友抱怨他的運氣很差。

難得有幾次你的朋友宣稱：「奇蹟中的奇蹟，我找到地球上最後一個正常人了。」這段關係照例會有個剪不斷、理還亂的結局。「結果我發現他超爛，只是像變色龍一樣善於隱藏。」

下次聚會，他會告訴你最新的感情故事。

「你還記得那位被派去中東，所以認為分手對彼此都好的喬丹（Jordan）嗎？聽好了，那是謊言。昨天，我看到他在美國目標百貨（Target Corporation）買襪子。」

他無數次這樣告訴你：「我放棄找對象了，要找驅邪的法

師，我一定是被下詛咒。」

勾選出在對話中，你在心裡可能會想說的話（不一定要說出口）。

☐「在我看來，你挑的好像都是混蛋。」

☐「哇嗚，你的愛情運衰爆了！」

☐「你一定會時來運轉的，我知道你會遇到對的人。」

☐「你有沒有可能從這一堆狗血事件中得到收穫？」

☐「你在戀愛關係中，有沒有什麼行為表現，可能引發伴侶暴露混蛋性格？」

☐「你是不是有什麼地方特別吸引這類型的人？」

1. 勾選你可能對朋友說的話。

  ☐「在我看來，你挑的好像都是混蛋。」

  ☐「哇嗚，你的愛情運衰爆了！」

  ☐「你一定會時來運轉的，我知道你會遇到對的人。」

  ☐「你有沒有可能從這一堆狗血事件中得到收穫？」

  ☐「你在戀愛關係中，有沒有什麼行為表現，可能引發伴侶暴露混蛋性格？」

  ☐「你是不是有什麼地方特別吸引這類型的人？」

2. 如果你勾選對朋友說出口的話，與自己在心裡默想的話不同，你認為是什麼原因？

_____

_____

_____

_____

3. 你是不是更擅長解決別人的問題勝過解決自己的問題？
   □是　□否

   如果答案是「是」，你認為是什麼原因？

_____

_____

_____

_____

當局者迷，使洞察力變得模糊

多數人大概會認為，你的朋友感情不順、遇到混蛋不光是運氣差。大家都知道，如果某個人交往的對象、找的工作、與

朋友相處的方式、老是遇上交通狀況而上班遲到等，這類有固定模式的情況，不是運氣差、詭異的巧合或被詛咒。

你看得到朋友似乎看不到的情況，你的朋友對待交往對象的態度，可能有什麼地方導致混蛋不斷出現。如果你的朋友能了解這一點，大概就有辦法解決。

當你站在旁觀者立場，可以清楚看到關鍵，**但是當你進入圈內，遇到的又是關於自己的問題，視線就因此混濁。**你能在別人身上清楚看到的，在自己身上卻很難看清楚。這也就是為什麼幾乎所有人都認為解決別人的問題，比解決自己的問題還容易。**當局者迷，你身在局中，洞察力就沒有那麼好。**

至於是否要告訴朋友，他不見得是 100％的倒楣受害者，在本章尾聲，我們再回頭來談。

32 只要跟自己有關,就當局者迷

希望現在你已經如擁有水晶球般清楚,你的見解替良好決策製造瓶頸。如果輸入的資訊沒有用處,決策流程品質有多好都不重要了。

輸入資訊就是指你的見解,而裡面有許多沒用的事物。

衝擊試驗顯示,我們相當不擅長弄清楚自己不知道哪些事,也不擅長弄清楚自己的見解在什麼情況下不精確,還對於自以為知道的事太過自信。會有這些弱點的原因,就是因為**人很難跳出自己的觀點看世界**。

要你找出自己所知或所想的不精確之處,就像在背上掛著「踢我」的牌子。你看不到牌子,因為眼睛只看得到前方,無論你轉得多快,就是無法從背後看自己。有人一直在踢你令人惱火,然而,即使你能清楚看到其他人背上都掛著「踢我」的牌子,你還是想不明白為什麼你會被踢(見圖表 6-1)。

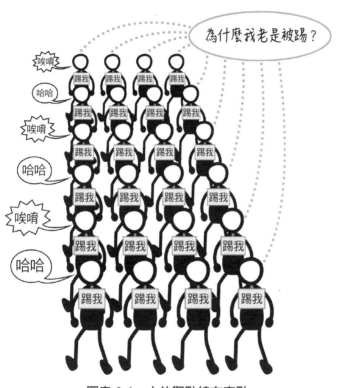

圖表 6-1　人的觀點總有盲點

用自己的濾鏡看世界，很難客觀

　　我們天生會透過自己的濾鏡看世界，從自己的見解和特有的經驗出發，很難跳出自己的腦袋，去理解別人會怎樣看他們的處境。

怎麼可能不是這樣呢？你只有本來就有的經驗，只接觸過曾接觸到的資訊，只經歷過曾經歷的人生。你不是別人，你就是你。

你陷入內部觀點（inside view），使得你很難客觀看待自己的見解、主張和經驗，也使你很難看到自己背上的「踢我」牌子。

結果論就是內部觀點的一個好例子。**你觀察到的結果，讓你蒙上一層陰影，難以從所有客觀可能發生的事情脈絡觀察結果，影響你從經驗學到的教訓品質。**如果遭遇不同的結果，你會學到不同的教訓。如果遭遇不同的結果，你會以不同的方式，評估在結果之前做出的決策品質。

在你的未來發展方向，運氣有非常大的影響。一個結果客觀來看是否可能發生其實不太重要，重要的是，你正好遭遇這個結果。

高勝算決策

內部觀點：從你自己的觀點、經驗和見解，以內部觀看世界。

以下常見認知偏誤，有部分也是內部觀點帶來的問題：

1. 確認偏誤（confirmation bias）：我們傾向於注意、詮釋和尋找能確認或強化既有見解的資訊。

2. 不確定偏誤（disconfirmation bias）：確認偏誤的同胞手足。相較於確認我們見解的資訊，對於和我們的見解矛盾的資訊，會採取更高、更挑剔的標準。

3. 過度自信（overconfidence）：高估自己的本事、才智或天賦，妨礙我們依據評估做決策。

4. 可得性偏誤（availability bias）：對於容易回想的事件，容易高估其發生頻率，因為事件歷歷在目或自己曾經歷過很多次。

5. 近因偏誤（recency bias）：認為近期的事件發生的可能比實際更高。

6. 控制的錯覺（illusion of control）：高估自己控制事件的能力，也就是說，低估運氣的影響力。

你可以發現，這些偏誤有部分都是內部觀點的產物。

確認偏誤是指，注意並尋找符合你已經篤信之事的資訊。不確定偏誤是指，在評估與你的見解相牴觸的資訊時，會採用較高的標準。對於符合你已經篤信之事的資訊，你問：「這有可能是真的吧？」但是與你不一致的資訊，則是問：「這是真的嗎？」

可得性偏誤是指，對你來說容易回想的事件，會扭曲你對可能性的評估。

其他的偏誤也一樣，你賦予自己的經驗和見解不成比例的分量。

與外部觀點碰撞，更接近客觀真實

人們天生會從自己的內部觀點出發做決策。不過，從外面觀看往往迥然不同。當有人困在他們扭曲的觀點卻看不清這一點時，我們就有這種體驗，就像朋友看不清災難般的約會史中有自身的緣故，以為解決感情問題的理想辦法，就是找驅魔法師。

你知道你能準確看出他們的處境，但他們卻毫無頭緒。你看得到他們背上的「踢我」牌子。

我敢打賭，你會想到很多與陷入內部觀點的人互動的例子。如果那些例子如此源源不絕，按理來說，你也是如此。

客觀看待他人比客觀看待自己容易，原因在於**分析自己的處境時，你有保護自己見解的動機，而你的見解構成你的個性特徵結構**。發現你有某件事錯了、質疑你的見解，或承認某個壞結果是因為你做了不好的決策，而非僅是因為運氣不好，這

些都可能撕毀你的個性特徵結構。

我們都有保護結構完整無缺的動機。推論時,最終是由你的見解坐上駕駛座,操縱你走向一個保護個性特徵與自我敘事的論述。

在推論朋友的問題時,觸發你思考的方式則不同,因為你並未像獲取自己的見解一樣,也獲得其他人的見解。

現在,你大概已經了解,內部觀點的補救方法就是盡可能敞開心胸,接受他人的觀點和世間普遍接受的事實,且不被自己的經驗左右。那正是糾正資訊的存在,也就是外部觀點(outside view)。

你的直覺和本能為了滿足內部觀點而服務,會受到你想要的真實所感染,外部觀點則是感染的解藥。

取得他人觀點的價值,並非只在於他們知道的事實,是你不知道卻對你有幫助的事,也並非只在於他們或許能糾正你自以為知道的不精確事實。而是他們即使擁有跟你一模一樣的事實,看待事情的角度也有所不同。他們可能基於完全相同的資訊,得出截然不同的結論。

就像你同樣掌握著朋友的戀愛史,但你卻以完全不同的角度看待他們的處境。

欣然接受其他人看待事物的不同方式,讓觀點相互碰撞,將使你更接近客觀上的真實。愈是接近客觀真實,輸入決策流

程的無用資訊就愈少，也就更有可能從外部觀點發現「踢我」
的牌子。

高勝算決策

外部觀點：世界的真實情況，不受你的觀點左右，是其他人
看待你所處情況的方法。

高勝算決策

在探討某項決策時，我們已經開始對什麼是正確選項形成看
法，只是還未察覺。那個看法最後卻可能出現在駕駛座，引
導你的決策流程。

這會暴露出利弊分析表的最大問題 —— 直覺和本能。兩者是
為了滿足內部觀點而服務，讓你做出想做的決策，而不是客
觀上更理想的決策。

想要否決選項，你會專注在分析表的弊端，在比較選項時擴
大缺點。想要推動選項，你會專注並擴大分析表的利益，讓
弊端隱藏在陰影中。

利弊分析表缺乏外部觀點，完全是從你的觀點產生，容易受
你的推理方式感染。這個推理方式的動機，是為了支持你想
得到的結論。如果你想創造一個放大偏誤的決策工具，大概
就會像利弊分析表。

33 換位思考，看清內外部觀點

　　有個思考內部觀點和外部觀點的好方法 —— 想像你參加一場婚禮，正在祝賀隊伍中排隊，等著和剛下聖壇的新婚夫婦交流互動。

　　輪到你時，你感覺新婚夫婦收到的喜悅淚水、親吻、天花亂墜的祝福，和鼓舞人心的忠告已經夠多，所以你沒有對他們說那些，而是開門見山地問：「你們認為婚姻最後以離婚收場的機率有多少？」

　　先聲明，我絕對不建議你做這種嘗試，但是這項有些離經叛道的案例，能進行鮮明生動的思想實驗。

　　或許有人會想，大多數新人會回答：「機率約為 0％，我們與眾不同，是因緣讓我們走向婚姻。這是真愛，我們的愛將永恆不變。」

　　這屬於內部觀點。

　　就在這時，有人從後面推你一把，原來是新娘的父親。他無意中聽到你的提問，覺得一點也不好笑，所以請你離開。

　　為了打發時間，你闖入在同一家飯店舉行的另一場婚宴，並無意中進入迎賓隊伍。

你不知道要聊什麼，但發誓不再重複剛才的錯誤，於是你恭維新人這場精采的宴會：「我探頭看了一下，隔壁大廳的宴會沒有你們這麼棒。對了，你們認為那對新人離婚的機率有多少？」

他們的答案極可能在 40％到 50％之間，因為那是一般夫妻的真實情況。他們肯定不會對隔壁宴會廳的陌生人說：「他們與眾不同，必定是因緣讓他們走向婚姻。他們的真愛將永恆不變。」

這就屬於外部觀點。

決策訓練

1. 描述過去朋友、家人或是職場中的熟人陷入內部觀點的情況。

2. 你有讓他們知道嗎？　　　　　　　　　□是　□否

3. 為什麼？

_____

_____

_____

_____

_____

4. 描述過去你覺得自己陷入內部觀點的情況。

_____

_____

_____

_____

_____

5. 陷入內部觀點在哪些方面對你的決策產生負面影響？

_____

_____

_____

_____

_____

6. 接下來幾天花點時間，傾聽被困在內部觀點的人。寫下
   聽到的內部觀點常見情況和影響的例子，以及自己的整
   體印象。

_____

_____

_____

_____

34 結合內外部觀點，讓見解更完整

- 超過 90％的教授對自己的評價是優於平均的教師。
- 大約 90％的美國人評價自己的駕駛能力優於平均。
- 只有 1％的學生認為自己的社交技能低於平均。

顯然不可能有超過 90％的人在某件事上都優於平均。然而，即使我們知道按照定義，有半數的人必定低於平均（外部觀點），卻似乎很少認為自己可能就是那半數（內部觀點）。

這種現象稱為高人一等效應（better-than-average effect）。

問題來了：如果你沒有清楚認識自己的技能水準，可能會做出相當差的決策。就像開車時傳簡訊，是因為你自認為優於平均的多工處理人才。

當然，確實有許多事你可能優於平均，但是並不是事事都是。你住在自己的經驗之中，無從接觸到全體人口的民調結果，所以難以辨別哪些事情自己是優於平均，哪些事情不是。

這時候轉移到外部觀點就非常有幫助。

如果你有個能清楚認識世界的水晶球，就會明確知道，自己的某項技能在人口分布的相對位置。比方說，你知道自己的

開車技術位於第 75 個百分位數，社交技能位於第 50 個百分位數，教學技能排在第 25 個百分位數。

我們往往仰賴內部觀點、自己的經驗與看法做判斷。「我 20 年都沒有出過事故，所以我肯定是優於平均的駕駛。」或「我的朋友似乎都喜歡我，而且我們相處和睦，所以我的社交技能必定高於平均。」又或是「我的學生似乎都喜歡我，而且我也很熱愛教學，所以我的教學能力必定是頂尖的。」

外部觀點能克制內部觀點帶來的的扭曲，因此從外部觀點看事情相當重要，並可以藉外部觀點考慮普世適用的事，或了解別人如何看待你的處境。

高勝算決策

「精確」存在於外部觀點與內部觀點的交會之處。

想成功結合外部觀點與內部觀點，和所有結盟一樣，都需要努力。你的見解形成了你的個性特徵結構，而你思考的方式，有很大的動機是渴望保持結構的完整，所以很難融入外部觀點，特別是當外部觀點有破壞結構的威脅時。

這也就是為什麼有將近 50% 的婚姻會以離婚收場，卻僅有 5% 的夫妻在婚前會事先提出協議的部分因素。

圖表 6-2　精確所在之處

　　一般婚姻的真實情況，與你希望為真的事情有矛盾，也就是說，你認為你的愛情優於平均，因此很難將現實要素納入決策中。想到可能會失敗雖然令人不舒服，但是卻有必要經歷那種不適，萬一事情沒有按照你的理想發展，你會更有準備。

　　結合內部觀點與外部觀點，讓你更清楚地看待自己，了解你是如何走到如今的地步，知曉你的未來可能會怎麼樣，能改善你從過去學到的教訓品質，提高未來的決策品質。

聰明人更會自圓其說

　　現在你知道內部觀點可能導致你的決策偏離軌道，如果你拿起這本書，代表你很聰明。

但是有個壞消息，聰明機靈並不會讓你少受內部觀點的影響，反而會更糟，因為聰明機靈會將你的見解更牢固地綁在駕駛座上。

針對各種環境背景的研究顯示，**聰明機靈會讓你更善於動機推理（motivated reasoning），容易用你先前確認的見解或資訊來推理，得到你想要的結論。**而且要強調的是，在這裡「較優」並非好事。

1. 解讀政治話題的資料時，例如：槍枝管制，大家更有可能將與自己見解矛盾的資料，解釋為支持自己的觀點。但是違反直覺的是，善於精確解釋非兩極化話題的一般資料，並不能防止你為了遷就自己對一項政治議題的見解，而錯誤解讀資料，反倒是更有錯誤解讀的可能。

2. 遇到自己的偏誤時，人人都有盲點。我們無法像看到別人的偏誤般，看清自己的推論有誤，那也算是內部觀點。聰明機靈不能讓你免受盲點影響，反而只會更糟糕。

3. 如果你想解決涉及政治見解話題的邏輯問題，就算正確答案與見解不一致，每個人都可能做出與自己見解一致的推論。但如果你有邏輯相關的經驗或訓練，更有可能犯這種錯誤。

其實，仔細想想非常有道理。聰明人往往更看重自己的見解與判斷，比較不可能想到需糾正自己知道的資訊，對於直覺或本能告訴自己的訊息相當有信心，畢竟自己真的很聰明，為什麼不能對那些事情有信心呢？如果你聰明機靈，自然比較不會懷疑自己信以為真的事。

聰明人更善於建構有說服力的論據支持自己的看法，並鞏固相信為真的事，也善於編造敘事，說服其他人相信，但不是為了誤導別人，而是為了不破壞自己的個性特徵結構。

加總動機推理、誤導自己的傾向和對直覺過度自信等因素，使得聰明人比較不會徵求意見回饋。當他們真的尋求意見，他們說服人的本事，又會讓其他人比較不會質疑他們。

代表你愈聰明，愈要戒慎警惕地獲得外部觀點。

高勝算決策

最有可能誤導自己的人是你自己，而且你不知道自己正這樣做，因為你存在於內部觀點。

普世真理也是一種外部觀點

獲取外部觀點的一個方法，就是養成習慣，在不受任何人的觀點影響下，問自己：「什麼是普世真理？」並當成決策流程的一環。

想知道在世上普遍為真的道理，可以找出是否有現成的資訊，是在與你類似的情況下，卻有不同結果的可能。這種資訊稱為基準率（base rate）。

有很多地方可以取得關於人際關係、健康、投資、商業、教育、就業與消費主義等，多方面的調查報告、研究和統計數據，這些可能與你在做的決策息息相關。其實，本書已經提過很多次有關於基準率的例子：

1. 美國初婚離婚率在 40% 到 50% 之間。
2. 美國成人死因為心臟疾病的可能性為 25%。
3. 8% 的美國人居住在人口超過 100 萬的城市。

其他幾個基準率的例子：

1. 高中畢業生上大學的可能性為 63.1%。
2. 60% 的新餐廳在一年內倒閉。

試圖估算結果的可能性，或分析潛在好處和壞處時，基準率能提供你一個起點。並不是說你的估計值一定要和基準率完全相同，因為你的個別情況或內部觀點也非常重要。但如果你考慮開一間餐廳，而且評估成功的機率為 90％，這時知道只有 40％的新餐廳能撐過第一年，將有助於抑制你的過度自信。

無論你對未來的預測是什麼，都必須在基準率的軌道上。基準率能提供你評估的重心。

> ⌐ **高勝算決策** ----------------------------
>
> 基準率：在與你相似的情境下，某件事發生的可能性有多大。

 決策訓練 ·······················

1. 回到第 4 章針對健身房會員決策做的評估。現在花幾分鐘查詢以下的基準率，並寫下你的答案：

   ① 加入健身房的人，前半年退出的百分比是多少？___％

   ② 完全沒有使用健身房會員資格的百分比有多少？___％

   ③ 健身房會員 1 週最多去 1 次的百分比有多少？___％

   ④ 花幾分鐘搜尋，找出與加入健身房、定期健身的機率等相關訊息，寫在空白處。

---

2. 記住這項基準率資訊，回頭查看決策樹，這項資訊有改
　變你的評估嗎？如果有，請簡單解釋為什麼。

計畫時，統計數據能幫你避開障礙

　　這裡有一些關於健身房會員資格基準率的現成資訊：

　　新聞評論網站《*The Hustle*》的作家札卡里・克羅基特
（Zachary Crockett），2019 年 1 月引用美國統計大腦研究所
（Statistic Brain Research Institute）的調查，顯示 82％的健身
房會員 1 週最多去 1 次健身房。在 82％的會員中，有 77％的會
員資格完全沒有使用過。

　　新年許下新願望的人，大多會在 1 月加入健身房，根據美

國零售商線上代碼公司 CouponCabin 的資料，這些會員有 80％
在 5 個月內就放棄。所有健身房新會員中，有一半在 6 個月內
放棄，這筆資料來自全球健身產業行業協會，國際健身、拍球
與運動俱樂部協會（International Health, Racquet & Sportsclub
Association, IHRSA）。

當你考慮醫生的指示，並想像你有 90％的機率 1 週去健身
房 3 次，這些統計數據，卻強烈提醒你應該調整預測。無論你
認為動機有多強，堅持下去並大幅偏離基準率的情況相當罕見。

訓練自己了解多數人在相同情況下是什麼樣的，能讓你一
窺外部觀點，提升比較選項的能力。例如：購買居家設備、加
入健身房或做其他事。

當你計畫做一件事，基準率告訴你有多困難，這時，對未
來的可能情況抱有合乎實際的看法，將促使你找出多數人會遇
到的障礙。這樣的預警也提供機會想出辦法，避免障礙或克服
阻饒，增加成功的機會。

為了表現善意，外部觀點不一定有用

套用美國劇作家田納西・威廉斯（Tennessee Williams）
《慾望街車》（*A Streetcar Named Desire*）中，角色白蘭琪・杜

波伊絲（Blanche DuBois）的話：「我們都得仰賴陌生人的仁慈。」其實我們不缺陌生人提供外部觀點，只是他們不解什麼是仁慈。

你曾遇過這種情況嗎？

有人指出你的牙縫卡著菠菜。他們讓你注意到這件事的同時，又為了說出口的話道歉，顯然他們覺得尷尬，也不太願意告訴你，因為他們認為這個消息會讓你難堪。

你謝過他們，剔掉菠菜後，拿起心中的盤點清單，回想自己什麼時候吃了菠菜，結果發現是在很久之前，一定有很多人注意到菠菜，卻什麼也沒有說。

你有些惱怒別人沒有早點告訴你。一般來說，倒不是那些人願意表現得刻薄無情，讓你處在一整個下午露出菠菜微笑的尷尬，而是他們希望表現善意，讓你免去被告知牙縫卡著菠菜的難堪。

告訴你牙縫卡著東西，令人覺得尷尬，但如果沒有人告訴你，讓菠菜一直卡在你的牙縫，又更加尷尬。「表現善意」並對你隱瞞他們所見，是在無意中剝奪你去除牙縫菜渣的機會。

決策也是一樣。

這也就是為什麼第一個練習中，多數人心中所想的答案，不同於和朋友說的話。

你儘量不傷害朋友的感情、儘量表現善意。但是這樣做，

就是剝奪他們獲取改善未來交往決定的珍貴資訊。當下對朋友表現善意，就是對未來要做出新決策的朋友殘酷。

這樣看就能知道隱瞞觀點，反而對朋友造成更大的傷害。同樣地，為了避免當下的感受不好，而避開歧見，反倒對你帶來更大的傷害。或許可暫時避免撕裂你的個性特徵結構，但分歧能改善未來決策的力量，長期下來可強化結構。

只是徵求建議或意見回饋，不足以確保你獲得外部觀點，因為一般人大多不太願意與人起爭執，害怕顯得殘酷無情，擔心質疑你的看法會令你尷尬，或擔心提供的觀點可能有損你的形象。更糟的是，我們都喜歡聽到別人重複我們的內部觀點，而且會尋找世界觀疑似與自己相同的人。

高勝算決策

若有人出於善意提出不同意見，要心存感激，此舉是善良的表現。

那是我們自然而然進入同溫層的原因。當內部觀點偽裝成某人提供的客觀看法，而且被當成外部觀點接受，又正好證實了你的見解，感受一定特別好。但是那只會放大內部觀點，因為多了別人的擔保和證明，更強化了你的世界觀。

本書很多策略都是為了避免附和、重複自己的見解，盡量擴大你發現糾正資訊和獨特觀點的機會。你和世界互動的方式，若能吸引身邊的人給你外部觀點，你的見解與認知就會更準確。

敞開心胸找出外部觀點，將更有可能發現背上的「踢我」牌子、牙縫的菠菜，和一切從你的觀點很難看清的事，將幫你清除無用的資訊，改善決策。

 決策訓練

1. 想出一個你一直在努力解決的問題，也許是激發你拿起這本書的問題。

   或許是事後回顧，比如為什麼你沒有一段感情成功，或者為什麼你一直和同事有摩擦。或許是預想未來，比如你應該申請哪所大學、遇到此生摯愛的方法、是否應該轉換職業，或應該採取哪種方式解決特定的銷售問題。

   現在花點時間做觀點追蹤（perspective tracking）。

   下方有 2 個欄位，儘量完全用外部觀點描述你的情況，並填入外部觀點的欄位。再從內部觀點描述情況，填入內部觀點的欄位。

注意在用觀點追蹤工具時，先完成外部觀點，再進行內部觀點。從外部觀點開始，讓你有最好的機會鎖定普世標準，了解其他人可能怎麼看待你的處境，而不是牢牢固定在自己的觀點。

可以嘗試兩種策略獲取外部觀點：

① 問自己，如果同事或朋友家人有這個問題，你會怎樣看待他們的問題？你的觀點和他們可能有什麼差異？你可能給他們什麼建議？你會提出什麼樣的解決辦法？

② 問自己是否能找到相關的基準率或資訊，適合處於你這種情況下的人。

觀點追蹤

外部觀點	外部觀點

2. 在下方結合內、外部觀點的兩種敘事，描述你心目中兩
種觀點的準確交集。

_____

_____

_____

3. 這個練習改變了你看待自己處境的角度嗎？□是　□否

如果是，為什麼？

_____

_____

_____

為觀點建立紀錄，避免決策盲點

就像認知追蹤讓你思考自己知道什麼、不知道什麼，刺激
你去尋找更多，並給決策當時的見解建立紀錄，用來問責並避
免記憶潛變，觀點追蹤也有許多相同的好處。

將觀點追蹤的習慣納入決策流程，有助於將你的見解從駕
駛座挪開，幫你用懷疑的心態看待自己的直覺，迫使你思考外

部觀點。而思考外部觀點，必須先找出外部觀點：包括其他人會如何看待決策、普世的標準怎麼樣。

無論你是想評估一項決策獲得有利成果或不利成果的機率，還是考慮一項選擇的可能結果或潛在回報，花時間探索外部觀點，有助於更接近精確。

養成習慣記錄外部觀點和內部觀點，能讓你在做決策上獲取更好的意見回饋。隨著情勢發展，你的觀點不可避免會有所改變，此時有個紀錄記載對當時情況的看法，可創造品質更高的回饋循環，並為你的流程負起責任。

別把運氣當成罪魁禍首

不管你是錯過一次升遷機會、沒有達到銷售目標，還是感情不順，跟混蛋交往，觀點追蹤能幫你更準確地回答：「為什麼會發生這種事？」而準確的答案將改善你未來做的決策。

遇到壞事時，內部觀點往往會誘使你歸咎於運氣，而不是自己的決策。畢竟，運氣是最不費力的藉口，以保持你完整的自我敘事。但是把運氣當成處境的罪魁禍首，對解決處境沒有太大的幫助。

如果運氣是問題起因，你的決定就沒有責任，結果也就超

出你的控制，沒有教訓可以學習。這個世界充斥著混蛋，你只是運氣不好才一直遇到他們。

遇到壞事的時候，外部觀點往往更能看清楚自己的能力，看到決策是如何導致你走到今天。**你無法改變運氣，只能改變自己的決定，外部觀點讓你專注在你能改變的事。**

好事會讓你高估成功可以複製

遇到好事的時候，你的劇本就顛倒過來了。

無論是得到夢寐以求的工作，還是超出銷售目標，或遇到一生所愛，內部觀點往往會讓你歸功於自己的決策，淡化運氣的影響。有助於你的自我敘事，卻可能導致你高估成功得以複製的可能性。

如果想減少持續成功的機會，那麼活在內部觀點裡，誇大事情發展中的個人能力，貶低運氣的影響，是達到目的的好策略。然而，外部觀點更加關注運氣，也正是為什麼觀點追蹤對成功如此重要。

忍受探索外部觀點的痛苦

問題涉及成敗時,探索外部觀點可能很痛苦,特別是在內部觀點的感覺非常好的情況下。但是忍受不舒服是值得的。你可以選擇保持當下的個性特徵結構完整無缺,忽略壞結果中的個人能力與好結果中的運氣作用。也可以選擇擁抱外部觀點,並強化個性特徵結構,減少未來決策時輸入的無用訊息。

這是你應該做的取捨。

35 摘要：
觀點決定你的決策好不好

這些練習是為了讓你思考以下的概念：

1. 內部觀點是透過自己的觀點、見解與經驗看世界。

2. 許多常見的認知偏誤，有些是內部觀點的產物。

3. 利弊分析表放大了內部觀點。

4. 外部觀點是他人看待你的角度，或普世適用的標準，不受你的觀點影響。

5. 即便你認為自己已清楚掌握事實，探索外部觀點仍相當重要，因為他人看同一件事，可能得出不同的結論。

6. 外部觀點可約束內部觀點中的偏誤和不精確，正是固定外部觀點的重要關鍵。

7. 「精確」出現在內部觀點與外部觀點的交集。即使自身情況獨特，也應該結合普世標準。

8. 思考時，你個人的看法坐在駕駛座上引領著你。

9. 動機推理是處理資訊時推導出個人想要的結論，而不是發現真實的情況。

10. 聰明機靈的人並不能對動機推理和內部觀點免疫，反而可能讓情況更糟，因為聰明人更自信自己的見解正確無誤，所以可能編造更好的自我敘事，左右他人或自己偏向他們的觀點。

11. 想要獲得外部觀點，可以尋找符合你當下情況的相關基準率做為參考。

12. 尋求其他人的觀點和意見回饋，也可以獲得外部觀點。不過，有效的外部觀點為他人自在表達的不同意見，或是可能有損你形象的觀點。否則，只是放大內部觀點，使你因為有了他人的擔保和認同，更堅信自己的正確。你應該熱切渴望聽到別人與你的意見不同，並鼓勵他們這樣做。

13. 觀點追蹤是值得培養的良好決策習慣。刻意從外部觀點思考處境，再從內部觀點思考，可以讓你的觀察因兼顧兩者而更加準確。

檢查清單

□ 完全從外部觀點描述你的情況。外部觀點應該包含：

　1. 適用的基準率。

　2. 由其他人提供的觀點。

□ 完全從內部觀點描述你的情況。

□ 找出外部觀點與內部觀點的交集，以找出更準確的敘事。

專欄　天氣能否成為影響決策的考量？

　　多數人相信，住在天氣宜人的地方能讓人更快樂，但是諾貝爾獎得主丹尼爾‧康納曼（Daniel Kahneman）和同事大衛‧施卡德（David Schkade），針對此說法進行試驗，發現某地區的天氣對人的快樂影響不大。

　　他們在一次研究中衡量美國俄亥俄州（Ohio）、密西根大學、加州大學洛杉磯分校和加州大學爾灣分校，共將近 2,000 名學生的快樂程度。大部分的中西部人和加州人，都以為加州人比較快樂，但實際結果卻顯示，在天氣客觀來說較差的中西部上學的學生，和在加州上學的學生，快樂程度差異不大。

　　這是一個不錯的例子，能顯示內部觀點與外部觀點碰撞的好處。我們覺得自己知道天氣會影響心情，而且相當確信，但是一旦從科學角度發掘真實情況，就會發現我們的直覺本能（包含認為自己對某件事情會如何反應）其實相當不精確。我們只能透過取得外部觀點發現不精確。

　　假設某決策中天氣是你考慮的要素，如同波士頓工作的例子，以及數百萬學生和成人，考慮是否遷移到氣候較溫暖的地區。可能認為要從溫暖的地區搬到寒冷的地方，是不可能的事。可能你相信天氣對人的快樂有很大影響，如果你搬遷到寒冷的地

方，肯定會影響心情。

　　要是花一點時間獲取外部觀點，或許能更切實地看出天氣對快樂有多大的影響。

　　天氣通常不影響快樂，但並不代表完全對你的快樂不會有任何影響，即使你接受普遍公認的「天氣影響快樂」的假設，也未必要因此深信不疑。

第 7 章

如何加快決策速度，
不糾結？

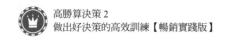
閱前測驗
你花了多少時間在做決定？

✏ 決策訓練 ···

估算你每週花多少分鐘決定以下各項：

做決定的事情	每週分鐘數
吃什麼？	
要在網飛（Netflix）看什麼？	
穿什麼？	

決策的兩難：準確度和時間

以下是一般人每週花在這些決定的時間：

1. 一週 150 分鐘決定想吃什麼。

2. 一週 50 分鐘決定想在網飛看什麼。

3. 一週 90 到 115 分鐘決定想穿什麼。

大多數人花很多時間在分析癱瘓（analysis paralysis）。

加總一般人花在決定吃什麼、看什麼和穿什麼的時間，每年有 250 至 275 小時，等於花很多時間在直觀來看似乎無關緊要的決定。

多花 1 分鐘在各種例行的決定，似乎不是什麼大不了的事，但是這有如凌遲死亡般，小小的消耗隨著時間慢慢累積，等於一年花 7 個工作週的時間決定吃什麼、看什麼和穿什麼。

時間是有限的，必須明智地使用。花在決策的時間，可以用來做其他事，例如跟同在餐廳裡的人聊天。**判斷什麼時候可以加快決策、何時需要放慢速度的能力，是需要培養的重要決策技能。**

決策速度太快的代價

決策太慢的代價是，你無法運用額外的時間做別的事，包括做其他有潛在好處的決策。但是決策速度太快也有代價——你決定得愈快，犧牲的準確度就愈多。

決策者的挑戰，就是要同時做到兩件事：

1. 不浪費太多時間。

2. 不犧牲太多準確度。

就像《金髮女孩和三隻熊》（*Goldilocks And The Three Bears*）的故事，追求「剛剛好」的平衡。以挑選吃什麼、看什麼和穿什麼的統計數據來看，大部分的人要做到「剛剛好」，表示要加快速度。

高勝算決策

時間與準確度的取捨：提高準確度要花時間，節省時間的代價卻是準確度。

讓你加快速度的架構

你大概會同意，加快速度做出很多決策確實不錯，但是你可能也在想：「這本書的架構對這一點有什麼幫助？完成決策樹、預測機率、找出反事實等，要是 3 天能做出一項決策，就算是走運了。」

或許很違反直覺，但本書提出的決策架構，確實可幫你加快速度。

要達到時間與準確度的平衡，就是了解**一項決策如果比耗時更多的決策品質低，會有什麼樣的代價，以得知犧牲準確度換取速度的空間有多少**。

代價愈小，愈能加快速度；代價愈大，應該花費的時間就愈多。壞結果的影響愈小，愈能加快速度；影響愈大，應該花的時間就愈多。

六步驟決策流程促使你想像可能性、考慮相關回報，並評估每種可能發生的機會。這個架構之所以可幫你分析時間與準確度取捨，是因為你是從潛在好處和壞處思考，也代表你在思考影響的作用。

想像你在考慮的決策未來如何發展，會更容易分辨出在什麼情況下，沒有做到「剛剛好」的代價比較小。

即便是比「晚餐吃什麼」重要許多的決策，這個架構也有助於加快速度。在你使用本能或某些劣質的捷徑，做需要更仔細考慮的決策時，使用本書提供的決策工具，會讓你放慢速度，因為這正是你應該花更多時間的時候。

節省時間的額外效益

本書一再強調的主題是，**你的重心應該集中在設法向世界擷取資訊，將不知道的事情，轉換成為你知道的**。你蒐集的資

訊並非只為了學習新事實、了解事情如何作用，或精進你對結果可能性的評估，也是為了知曉自己的喜惡。

愈了解自己的偏好，決策品質愈好。嘗試是了解自己好惡的最好方法。決策做得愈快，能嘗試愈多事，也代表有更多機會實驗並刺探世界，你會有更多機會學習新事物。

所以，我們就來了解如何加快速度吧！

36 以快樂程度加快決策速度

 決策訓練

我們在餐廳一起吃飯，你十分苦惱要點什麼，最後終於決定自己要吃什麼。點完餐後，服務生送上食物，也許這個餐點非常棒，也許相當普通，也許不太好吃，也許糟糕到讓你厭惡地推開餐盤。

1. 我在一年後遇到你，問你：「這一年過得怎麼樣？」你可能跟我說這一年非常好，或這一年非常糟，也可能是介於兩者之間。無論這一年過得是好是壞，假設我接著又問：「還記得一年前我們吃的那一餐嗎？那一晚吃的餐點，對你這一年的快樂有多大的影響？」

在下方給出你的答案，0 代表對這一年的快樂「沒有影響」，5 則代表對你的快樂「影響巨大」。

> 完全沒有影響　　0　1　2　3　4　5　　影響巨大

2. 假設我在那一餐過後一個月遇到你，並問同樣的問題。
以 0 到 5，評量那一晚吃的餐點對你那個月的快樂有多
大的影響？

完全沒有影響　　0　1　2　3　4　5　　影響巨大

3. 假設我在那一餐過後一週遇到你，並問同樣的問題。以
0 到 5，評量那一晚吃的餐點對你那週的快樂有多大的
影響？

完全沒有影響　　0　1　2　3　4　5　　影響巨大

用「快樂」衡量代價

大多數人在一年後應該會回答：「那一餐對快樂的影響不
大。」要是我在一個月後，甚至是一週後問，多數人的答案也
會是如此。無論你的食物好不好吃，長期來看都不太可能對快
樂有重大影響。同樣地，如果你在網飛看到一部爛電影，或是
穿了一條不舒服的褲子，也是如此。

這告訴你選擇吃什麼、看什麼或穿什麼，是低影響的決策
類型。

運用快樂測試（Happiness Test）能判斷某決策是否為低影響類型。

吃雞肉還是魚肉、穿灰西裝還是藍西裝和看《王牌大賤諜》（*Austin Powers*）還是《公主新娘》（*The Princess Bride*）等這類決策類型，無論你選擇什麼，結果對你的快樂沒有太大的影響。

如果你正在考慮的事情通過快樂測試，就代表可以加快速度，因為這些事件不會有太多代價和影響。廣義來說，快樂是個不錯的替代品，用來理解一項決策對實現長期目標的影響。**當你以快樂來衡量，發現潛在收穫或損失很小，意味著此項決策是低影響，所以可以快速進行。**額外獲得的時間可用在更有影響力的決策，或是用來做低風險的實驗向選擇，刺探世界。

高勝算決策

快樂測試

問問自己，無論決策結果是好是壞，對你一年後的快樂是否有重大影響。如果答案是不會，決策即通過測試，意思是可以加快速度。

用一個月和一週重複這個測試。

愈快回答出「對快樂不會有太大影響」的決策，愈能捨棄準確度，換取時間。

選擇重複時可以快上加快

你陷入吃雞肉還是魚肉的選擇困難。最後決定要吃魚肉，但吃起來乾柴無味，你心想：「我應該點雞肉的！」

你正在兩套衣服中選擇穿哪一套去參加派對，一套相當時髦，一套比較休閒，最終你選定時髦的那一套。當你現身時，其他人的著裝卻低調休閒，你立刻後悔沒有選另一個選項。

即使許多決策對長期快樂沒有重大影響，不好的後果還是會有短期的代價──後悔。**後悔或擔心會後悔，可能讓你對所有選擇都猶豫不決。**

大部分的人在得到不好的結果後，都會立刻感到後悔。預想後悔的感受，會導致分析癱瘓，因為你會以為，多花時間就比較不會得到不好的結果，也就比較不可能感受到伴隨而來的悔恨痛苦。

你想到的不是長期影響，反而陷入短期影響之中，然而長期影響才是真正重要的。你太害怕後悔而猶豫不決，但是擔心和後悔會花掉更多時間。

這時，重複選擇有助於彌補後悔的代價。

能做重複選擇的決定，表示有另一次機會嘗試同樣的選擇，當選擇很快又再次出現，對彌補後悔特別有幫助。舉例來說，你可能吃到不喜歡的餐點，但幾個小時後，你又有挑東西

吃的機會，這有助於減少短期後悔的痛苦。

- 選擇大學課堂是重複選擇。
- 選擇與誰展開第一次約會是重複選擇。
- 選擇駕駛路線是重複選擇。
- 選擇觀看的電影是重複選擇。

當決策通過快樂測試，可以快速進行，當選擇重複出現，速度甚至可以更快，因為再做一次決策，有助於減少低影響決策的壞結果帶來的後悔感受。

重複的決策也提供機會選擇較不確定的事物，像是從未嘗試過的食物或新開設的電視節目，因為冒險做這類抉擇，代價沒有那麼大。用一點點代價，能換取關於自己好惡的資訊，說不定還能從中發現驚喜。

無論學到什麼，都會影響未來的決策。當你真正面對高影響決策，有了低風險、刺探世界的行為，能讓你獲得更充足的情報。

> **高勝算決策**
>
> 重複選擇：同類型的決策一再重複出現，你有反覆的機會選擇選項，包括過去可能不予考慮的選項。

決策訓練

1. 找出 1 項你目前或過去束手無策，如今因為通過快樂測試，所以知道是低影響的決策。

_____

_____

你認為可以加速決策嗎？怎麼做？

_____

_____

2. 再找出最多 5 項你過去苦惱不已，但通過快樂測試的決策。其中，至少有 1 個很快就有重複選擇的機會。

_____

_____

_____

_____

_____

37 壞處少、好處多的免費博弈

只賺不賠的賭局，你願意參加嗎？

你走在街上，有個人朝你走過來並說：「我考你一道冷知識，如果你答對了，我給你 10 塊錢。」

你滿心狐疑：「要是錯了呢？換我欠你 10 塊錢嗎？」

「不會！我只是很喜歡冷知識測驗，如果有人正確回答我的問題，用錢獎勵別人會讓我很開心。」

你覺得沒有什麼可損失的，於是說：「來吧！」

「哪個州的首府人口最少？」

你猜：「佛蒙特。」他高興地拍手，並遞給你 10 元，獎勵你回答正確。

「再來 10 元，那個城市叫什麼？」

你不確定，於是說了佛蒙特州你唯一知道的城市名。

「伯靈頓！」

很遺憾，他搖了搖頭：「真可惜，是蒙彼利埃。」

如同先前的承諾，你答錯了也不欠他什麼。你再也沒有見

過他，但是你多了 10 塊錢。

這就是沒有損失的免費博弈（freeroll）。

你是否曾經遇到這種情況，有個朋友正在苦惱要不要開口邀人約會，而你說：「就去問啊！說不定他會是你一生的摯愛。最糟的情況就是被拒絕！」倘若如此，即使你從未聽過這個名詞，也知道免費博弈的意思了。

免費博弈是一種有效的心智模式，以發現應該快速抓住的機會。關鍵特色是弊端有限，也就是指沒有太多的損失，但可能有很多收穫。加快速度做決策的常見代價，也就是提高壞結果的機率，在免費博弈的類型中並不適用。

高勝算決策

免費博弈：某處境中的優缺點不對稱，潛在損失微不足道。

你可以問自己以下的問題，找出缺點微乎其微的決策：

1. 可能發生的最糟情況是什麼？
2. 如果結果不如意，我會比決策前更糟嗎？

如果可能發生的最糟糕情況不算太糟，或結果若不如意，

你也不會比以前更糟，這項決策就符合免費博弈類型，可以加
快決策速度，因為犧牲準確的代價有限。

任何決策顯然一定有代價，即便代價微小到只是花時間回
答冷知識達人的問題。**免費博弈不在於尋找零潛在壞處，而是
尋找某項決策的潛在好處和壞處的不對稱。**

高勝算決策

好處和壞處的不對稱愈大，在潛在損失有限的情況下，能得
到好處的就愈多，免費博弈的效果也愈大。

快速抓住機會，做出損失不大的決定

你可能會認為免費博弈太好，不像現實中會有的情形。但
是一旦留心找，就會發現免費博弈的情況比你想像的還多。

你在申請大學，夢想中的大學是難以達到的遠大目標，因
為被錄取的機會非常小。你還應該申請嗎？假設申請的代價不
大，不被錄取其實也不會比較差，但如果錄取了，你就能上夢
想中的大學。

你在找房子，似乎每次房地產經紀人帶你看理想中的房

子，開價卻總是比你的最高預算多出 20％。你會出價嗎？如果出價在你的價格範圍內，賣方拒絕了，你也不會更糟，但如果對方接受了，你就能以低廉的價格買到夢想中的房子。

即使發現免費博弈，不需要對是否抓住機會想太多，還是得願意花時間執行決策。比如說，快速決定是否申請一間夢想中的大學，還是要花時間確定申請資料的品質。快速決定是否開價你的夢想之屋，還是需花時間確定開價合理正常。

> **高勝算決策**
>
> 愈早投入，機會愈不可能消失。愈快決定抓住機會，愈快有機會實現決策的潛在好處。

所有節省下來的時間，可用來做其他能產生結果的決策，包括抓住其他免費博弈的機會。不過，就像那位苦惱要不要找人約會的朋友，一般人可能對這類決策感到苦惱，往往就錯過了機會。為什麼沒有更多人看到並抓住免費博弈呢？

其中一個原因是，免費博弈通常沒有通過快樂測試。這些例子獲得的好處，都可能比冷知識達人給你的 10 元、20 元更有意義。去哪裡上大學和買什麼樣的房子，都屬於高影響決策。一般人可能就因為潛在影響，在這類決策中陷入分析癱瘓。

如此一來，決策的影響蓋過有限的缺點，更難看出自己身在免費博弈的處境。

圖表 7-1　決策的影響使我們看不出免費博弈的處境

人們容易忽略的是，免費博弈對快樂的潛在重大影響是一面倒的有利。

除了後續的影響會模糊免費博弈，害怕失敗或擔心被拒絕，可能也令人癱瘓無力，特別是在事情有極高的機率無法如你所願的情況下。收到夢想大學的回絕信，當下會受傷。沒有人願意聽到房地產經紀人說：「買方認為你的開價是個笑話。」

當你錯過這樣的機會，或是被微小且暫時的負面因素減緩速度，會放大拒絕的那一刻，並忽略機會中的不對稱對你有利一事。萬一該機會最終沒能成功，你避開掉短暫的不適感，卻也浪費掉一次可長期提升幸福安樂的機會。

決策訓練 ···

1. 找出目前或過去優點多而缺點有限，稱得上免費博弈的
   決策，而你卻花了很多時間做決定。

   _____

   _____

   _____

   你認為可以加快決策嗎？怎麼做？

   _____

   _____

   _____

2. 再多找幾個符合免費博弈的過往決策。

   _____

   _____

   _____

當心有嚴重代價的累積效應

研究一項決策的潛在壞處是否有限時，關鍵是**考慮重複做相同決策的累積效應，而不是專注在單次的短期潛在傷害。**

如果你決心吃得更健康，有同事卻在生日當天分享甜甜圈給大家，你很容易會將「是否吃甜甜圈」當成免費博弈，畢竟你人生的幸福並非取決於吃甜點。你從甜點獲得的享受，可能大於甜品對健康微不足道的代價。

但重複做相同的決策，就又是另外一回事了。如果你昨天選擇吃一片披薩，前天晚上在電影院約會時，因為你很快樂，所以選擇吃一份爆米花，上週你分手感到痛苦，所以選擇吃起司蛋糕……。可以看出微不足道的代價，多次累積下來可能關係重大。

這和買彩券一樣。損失一些錢買一張彩券，不會太影響你的長期快樂，但萬一贏得頭獎，就是改變人生的大事，因此你可能誤以為彩券是免費博弈，但事實上彩券是賠錢的理財建議，長期下來，潛在損失遠遠超出潛在利益。試想每週多買幾次彩券，就可以看出買彩券是重大損失，而不是免費博弈。

當你問自己：「可能發生的最糟情況是什麼？」接下來務必檢視重複同類決策的影響，就能確認當下的狀況是不是屬於免費博弈。

38 選項相近拖慢決策速度

✏️ **決策訓練**

明年你有一週的假期，決定要進行一趟旅行，目的地縮小
在巴黎或羅馬這兩個地區（如果你有兩個鍾愛的目的地、
或列舉在人生願望清單的地區，是以前不曾去過的，可以
在這個思想實驗中做替換）。

1. 將決定縮小到巴黎或羅馬（或者另外兩個你非常想去的
   目的地）後，以 0 到 5 評量選擇的困難程度有多大？

   一點也不困難　　0　1　2　3　4　5　　極為困難

2. 我在你度假後的一年遇到你，問你：「這一年過得怎
   樣？」也許你會跟我說是很棒的一年，或很糟的一年，
   又或是介於兩者之間。接著我又問：「以 0 到 5 來評
   量，那次度假對你這一年的快樂有多大的影響？」

   完全沒有影響　　0　1　2　3　4　5　　影響巨大

3. 我在你度假後的一個月遇到你，問你：「這個月過得怎樣？以 0 到 5 來評量，那次度假對你這一個月的快樂有多大的影響？」

| 完全沒有影響 | 0 1 2 3 4 5 | 影響巨大 |

4. 我在你度假後的一週遇到你，問你：「以 0 到 5 來評量，那次度假對你這一週的快樂有多大的影響？」

| 完全沒有影響 | 0 1 2 3 4 5 | 影響巨大 |

讓你舉棋不定的主因

多數人對這類決策會感到苦惱。

說到底，在巴黎和羅馬之間做決定，沒有通過快樂測試。度假肯定對你一週、一個月，甚至是一年的快樂有影響，除非你是不時穿梭在異國他鄉旅遊的富豪，經常搭機出外旅遊，否則這類抉擇就不屬於重複選擇，還可能是一生只有一次的機會。如果不順利還會有高成本，無論選擇巴黎還是羅馬，都是一趟昂貴的旅行。

我們都會面臨到很多如同選擇歐洲度假地點的高影響決策。

你可能被自己夢想的兩間大學錄取，或者找到兩棟非常好的房屋，又或是得到兩個不同的夢幻工作機會。然後你苦惱要選擇哪一個選項，努力在兩個或更多選項中分辨微小的差異。你不斷研究每一個選項，找出額外的衡量標準，徵詢愈來愈多意見，反而卻舉棋不定，努力想知道哪一個是「剛好」的選擇。

來做個異想天開的思想實驗：如果不是在巴黎和羅馬之間做抉擇，而是在去巴黎度假和去鱒魚罐頭工廠度假之間做選擇呢？會選擇困難或感到焦慮嗎？

我猜答案是不會。

這例子告訴你，**相近的選項是決策速度變慢的原因**。潛在回報相去甚遠的選項不難做選擇，例如：在巴黎度過一週和置身在鱒魚工廠一週。這也透露出為什麼你可以、也應該加快此類型的決策。

選擇困難時，選項的優劣差不多

讓你速度變慢的原因是，有多種選項的本質非常接近，但其實，這也是告訴你可以快速進行的訊號，因為無論選擇哪一個選項，都不可能錯得太離譜，因為兩種選項的潛在好處和壞處差不多。

所以我們不是從包括正面與負面的整體潛在回報考慮選項的相似程度，而是專注在對缺點的焦慮 —— 萬一選到的選項最後結果很糟怎麼辦？

不好的計程車司機，可能拿你的一大筆錢，卻把你丟在荒無人煙的地方。你搬到東北後，可能在初雪當天滑一跤摔斷腿。你可能挑到夢想之屋，結果隔壁鄰居是個瘋子。

不成比例地過度專注於缺點，是結果論讓你減慢速度。沒錯，是有許多收穫，但失去的也很多。無論選哪一個選項，得到不好結果的機會幾乎一模一樣，所以不要介懷。如果假期很糟，你覺得是因為自己選得很差，於是痛苦煩惱，將來便花更多時間努力避免犯下大錯。

這樣看來，決策像一隻狼，一隻高影響、非重複選擇的危險野獸，還有很多潛在壞處。千鈞一髮的危險關頭，感覺像是狼徘徊在你家門口，但是這類決策其實是披著狼皮的羊。

如果透過相互比較選項的品質來看決策，觀點就變了。不再是花費無數時間試圖梳理選項間的微小差異，而是重新表達決策，改問自己：「不管選哪一個選項，我會錯到什麼程度？」

這個問題促使你進行前瞻性思考，明白左右決策品質的是每個選項的潛在可能，而不是哪一個可能真正會發生。這個問題讓你看到，你有兩個類似的絕佳選項可以選擇，無論選中哪一個，都不太可能犯太大的錯誤。

如此一來,這類選擇其實是隱性免費博弈。因為選項太相近,選擇哪一個選項,都是在免費博弈,都不至於錯得太嚴重。

這揭開了一個強大的決策原則:**決策很難時,其實代表它很容易。**

高勝算決策

決策很難時,其實代表它很容易。當你衡量兩個很接近的選項,其實很容易做出決策,因為兩者的差異太小,不管選擇哪一個,都不可能錯得太離譜。

沒必要為相近選項苦惱

為了相近的選項苦惱,通常是在浪費時間。你在一些微小差距上花時間,頂多是在期望化解選項在潛在回報的微小差異,試圖解析無法分辨的差異。

沒有真正去過巴黎或羅馬,無從知曉自己會比較喜歡哪一個。即使從前去過,也無法知曉這次會比較喜歡哪一個。無論找誰詢問意見,或是看過多少旅遊評論,那些人都不是你。他們跟你是不一樣的人、有不同的偏好,他們的建議就只是建議,無法知道你會比較喜歡哪一個。

接受波士頓的工作之前，你不可能扭曲時空，得知工作與城市後來會怎麼樣。你無從得知兩棟相似的房屋，未來 10 年你會更喜歡哪一棟，也沒辦法知道兩間素質差不多的大學，未來 4 年你會比較喜歡哪一所。

因為所有人的知識都是介於一無所知和資訊完備之間。以為自己能夠分辨哪一個選項比較好，是不切實際的想法，反而是多花時間，追逐虛幻的確定感。

即使有足夠的時間，可以確定哪個選項是最好的，依舊不是使用有限資源的好方法。假設一趟美妙的歐洲度假之旅，平均可讓你的快樂在未來一年增加 5％。再假設如果資訊完備，你知道前往巴黎度假，可讓你的快樂增加 4.9％，去羅馬則可能增加 5.1％。

代表你花了那麼多時間，企圖解決兩個選項中 0.2％的差異。那些時間大可拿來做其他決策和事情，所得會大大超出對你的快樂或實現長期目標，那微不足道的潛在影響。

以「唯一選項測試」清除干擾

美國史華斯摩爾學院（Swarthmore College）心理學教授貝瑞·史瓦茲（Barry Schwartz），在他的著作《只想買條牛仔褲：選擇的弔詭》（*The Paradox of Choice*）指出，這類披著狼

皮的羊決策，可能提出更多選項供你選擇。可得選項的數量愈多，愈可能有不只一種選項讓你覺得看好。**看好的選項愈多，耗費在分析癱瘓的時間就愈多。**這就是弔詭所在 —— 選擇愈多，焦慮愈多。

切記，如果唯一的選擇就是巴黎和鱒魚罐頭工廠，沒人有問題。但如果選擇是巴黎、羅馬、阿姆斯特丹、聖托里尼或馬丘比丘呢？你明白了吧。

有個好用的工具可以用來突破僵局，就是唯一選項測試（Only-Option Test）。

- 如果這是菜單上我唯一能點的……
- 如果這是今晚我在網飛唯一能看的節目……
- 如果這是我度假唯一能去的地方……
- 如果這是我唯一能被錄取的大學……
- 如果這是我唯一能買的房子……
- 如果這是我唯一獲得的工作機會……

唯一選項測試清除干擾決策的雜物和垃圾。如果巴黎是唯一選項，你覺得滿意，如果羅馬是唯一選項，你也覺得滿意，代表即便扔硬幣決定，不管投出哪一面，你都會覺得滿意。

高勝算決策

唯一選項測試：就考慮的選項問自己：「如果這是我的唯一
選項，我滿意嗎？」

決策訓練

1. 接下來的一週，每次到餐廳就練習應用唯一選項測試。
   瀏覽菜單並想清楚哪些品項若是唯一選項，你會覺得滿
   意。篩選過菜單後，藉由丟硬幣，從通過唯一選項測試
   的選項中做出決定。在下方記錄。

   _____

   _____

   _____

   _____

   _____

點菜的策略也是一種好方法

從菜單選菜的策略，可以廣泛應用在一般決策。不管是什麼決策，**花時間將事物分類整理為「喜歡的事物」和「不喜歡的事物」，之後便可快速進行。**

決策中獲得的重大收穫，就是分類整理——根據個人的價值觀和目標，弄清楚構成「好」選項的因素是什麼。分類整理選項是決策中甚為吃力的工作，也是放慢速度下獲取最多價值的關鍵。

等完成分類整理，得到一個或多個好選項，加快速度就不會有太大的代價。如果選項非常相近，通常丟硬幣就可繼續往前。多花時間在符合標準的選項間做選擇，準確度通常不會比隨機挑選還高。

這是為何辨別出低影響決策如此重要的原因，特別是重複決策。**低風險決策讓你有機會實驗，進而知道哪些可行、哪些不可行，並幫你了解自己的偏好與好惡。**也讓你掌握更多資訊，收穫更準確的分類整理。

> **高勝算決策**
>
> 菜單策略：將時間花在初步分類整理，節省挑選的時間。

39 放棄可能也是好決策

你到電影院，看晚上 7:00 一廳播放的電影，也就是說，你無法同時觀賞二廳到十八廳播放的電影。

你花 4 年時間取得大學學位，這段時間你無法心無旁騖地玩樂團。

你閱讀前英國首相邱吉爾（Winston Churchill）的官方傳記（共 8 冊，8,562 頁，花了兩代傳記作者 26 年的時間撰寫），就無法用這段時間閱讀其他 35 本書，或上完兩學期的法學院。

任何選擇都有相關的機會成本。當你選擇一個選項，也是在拒絕另一個選項，連同那些事的潛在好處。未挑選選項的相關利益愈大，機會成本愈高，而機會成本愈高，快速進行的代價就愈大。

你選了菜單上的某個品項，卻不喜歡它的味道，立刻就察覺到機會成本。你大可選不同的菜餚，那道菜說不定味道很棒，或許花更多時間做決定，就不會點「錯」了。當你不喜歡自己挑選的電影、接受的工作或購買的房子，也是一樣的道理。

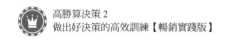
> **高勝算決策**
>
> 機會成本：當你挑選一個選項，就失去未挑選選項的相關潛在利益。

機會成本也是考量因素

　　機會成本也包含在判斷決策影響的考量之列，因此機會成本應該是取捨時間和準確度時的考慮因素。未挑選選項的相關利益愈大，沒有挑選這些選項時，放棄的就愈多，意思是犧牲準確度而傾向速度的懲罰愈大。機會成本愈小，放棄的就愈少，速度也能愈快。

　　這也是快樂測試的用意。如果你正決定低影響類別的事，現有選項的機會成本都偏低，任何選項都不會有太多的收穫或損失。

　　重複選擇彌補了機會成本。當一項決策重複，可以回頭選一個不曾選過的選項，意味著很快有機會享有過去略過選項的潛在好處，不會永遠錯過未做之事的相關利益。

　　彌補機會成本的方法還有一個 —— 放棄。

顛覆半途而廢的負面印象

「半途而廢者永遠不會成功，成功者永遠不會半途而廢。」是無人不知的名言。

美國發明家愛迪生（Thomas Edison）、美國新聞人泰德‧透納（Ted Turner）、美式足球名教練文斯‧隆巴迪（Vince Lombardi）、美國前女足運動員米婭‧哈姆（Mia Hamm）、美國人際關係學大師戴爾‧卡內基（Dale Carnegie）、美國成功學之父拿破崙‧希爾（Napoleon Hill）、英國演員詹姆斯‧柯登（James Corden）與美國饒舌歌手小韋恩（Lil Wayne）……。

堅持不懈造就成功，似乎是公認的至理名言，但是半途而廢也有其價值。

半途而廢不應該有近乎公認的負面名聲。**半途而廢是彌補機會成本和蒐集情報的強大工具，讓你對決定堅持的事物，做出更高品質的決策。**

選擇將有限的資源投入一個選項，根據的是有限的資訊。隨著選項的發展，新資訊將會逐漸顯露。有時候那些資訊會告訴你，你的選擇並非邁向目標的最佳選項。

隨著知道資訊的愈多，會發現你認為很好的決策，其實潛在壞處遠比你了解的還多，因此不會讓你有所進展，反而是失利退步的機率更高。也有可能你的選擇讓你取得進展，但如果

選不同的選項，進展會更多。這時就是考慮半途而廢的好時機。

撲克牌選手很懂得半途而廢，美國歌手肯尼·羅傑斯（Kenny Rogers）的歌曲《賭徒》（*The Gambler*）中，有句歌詞：「你該知道什麼時候要收手」，聽過這首歌的人也能明白半途而廢的道理。如果你認為傾注資源的選擇，成功機會不高，那就是改變方向減少損失的機會，也是收手的好時機。

當然，半途而廢有成本，如：損失金錢、信譽、聲望、社交身價、時間等。

- 約會後放棄一段關係，成本比結婚後放棄婚姻少。
- 搬出你不喜歡的租房，成本比賣掉自己擁有的房子還低。
- 比起搬到不同的社區後改變主意，搬到另一個國家後改變主意的成本高出許多。

想要做出好的決策，流程要包括問自己：「如果我挑這個選項，半途而廢的成本是什麼？」未來改變方向的成本愈低，做決策的速度愈快，因為半途而廢的選項降低機會成本，因而降低了影響。

你決定跟誰約會所花的時間，可能少於決定和誰結婚。你決定租哪一棟房子所花的時間，可能少於決定買哪一棟房子。你決定是否搬到不同社區所花的時間，可能少於是否搬到另一

個國家。

```
┌─ 高勝算決策 ─────────────────────────────
│
│ 半途而廢：半途而廢的成本愈低，決定的速度就愈快，因為
│ 更容易拋開這個決策選擇不同的選項，包括過去不曾考慮過
│ 的選項。
│
└──────────────────────────────────────
```

放棄的成本可能比想像中低

　　由於人類的心理運作，我們往往將決策視為永恆而不可更改，尤其是高影響決策。我們不會考慮半途而廢，但是從半途而廢的框架看決策，就會發現許多你認為或推測不能鬆手的決策，成本高得驚人。

　　舉例來說，很多人在選擇大學時苦惱焦慮，是因為他們認為自己在做的決策，會影響接下來 4 年人生。但是外部觀點顯示，37％的大學生會轉學，其中更有將近半數的大學生轉學很多次。

　　等你明白轉學是個選項，就能將決策的框架，從完全沒有考慮放棄，轉移到問自己：「這樣做有什麼代價？成績會跟著

轉移嗎？離開朋友的代價是什麼？交新朋友的難度有多大？遷移的成本是什麼？能進入更好的大學嗎？」

無論答案是什麼，我猜放棄的成本都比你想像的還低，因為你之前可能根本沒有考慮過放棄。

半途而廢可改善決策品質。

雙向門決策，讓失敗變可逆

在半途而廢的成本可以控制的情況下，決策也給你機會透過創新和實驗蒐集資訊。亞馬遜創辦人傑夫·貝佐斯（Jeff Bezos）與英國維珍集團（Virgin Group）創辦人理查·布蘭森（Richard Branson），他們的決策流程就納入了「雙向門」決策（two-way-door decision）的概念。雙向門決策代表可逆的決策，若失敗可以退回原地再處理。簡單來說，就是放棄成本較低的決策。

當你發現雙向門決策，可以做比較不確定的選擇，給自己更多低風險的機會，暴露在不知道事物的宇宙中。過程中蒐集到的資訊，將幫你執行菜單策略，提升分類選項為喜歡或不喜歡的準確度。

試試可以半途而廢的抉擇，找出你喜歡什麼、不喜歡什

麼，找出哪些可行、哪些不可行。

如果你想知道自己喜不喜歡彈鋼琴，報名上幾堂鋼琴課。如果不喜歡就放棄，不用餘生都彈鋼琴。可以再報名短期課程，或轉換領域學習用鹽磚烹飪的技巧。

當然，你會希望能堅持做某件事情。如果沒有毅力和堅持不懈的精神，什麼事都很難成功。但是「半途而廢」可以讓你知道，在什麼情況下堅韌不拔能做出更好的選擇。

如果放棄成本高，可以採用決策堆疊

等你塑造半途而廢的心智模式，能透過半途而廢的成本濾鏡看世界，這時一項改善決策品質的有效策略因此顯露 —— 決策堆疊（decision stacking）

若你面臨許多高影響或不可逆的單向門決策，放棄的話會帶來高成本，例如：買房、搬到另一個國家或轉換職業。這時，可考慮是否有影響較低、比較容易放棄的決策，堆疊在高影響的選擇前，提供更多資訊做出單向門決策。

約會是一種應用決策堆疊的例子。如果你交往、約會過很多人，在決定投入一段穩定的關係前，就會更了解自己的好惡。同樣地，如果考慮在特定社區買房，可以先在那個社區租

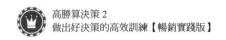
房子。

> **高勝算決策**
>
> 決策堆疊：在高影響、較難放棄的決策前，設法做低影響、
> 可輕鬆放棄的決策。

採用並列選項，降低風險

在 1980 年代，伊萬‧布斯基（Ivan Boesky）成為成功與
揮霍無度象徵的華爾街交易員，後來因內線交易罪被罰鍰 1 億
美元，還鋃鐺入獄。身為當時的象徵人物，他成了無數個具有
傳奇色彩的故事主角：他一天睡 3 個小時、從來不坐著工作、
在商學院畢業典禮演講中，初發表「貪婪是好事」的演說，
還是電影《華爾街》（*Wall Street*）角色哥頓‧蓋柯（Gordon
Gekko）的原型。傳言還說，布斯基在紐約市著名餐廳綠苑酒
廊（Tavern on the Green）用餐時，會把菜單上的每一道菜都點
上，卻都只吃一口。

雖然故事的真實性有待商榷，但確實說明一個有用的決策
原則 —— **在衡量要選擇哪一個選項時，可以同時挑選一個以上。**

選擇相似的選項顯然會降低機會成本，因為可以同時享有

多個選項的潛在好處。設法採用並列選項，也會降低面臨不利缺點的風險。

你可能不如伊萬・布斯基富有，可以點每一道菜，但是到餐廳時，或許也能說服朋友一起分享餐點，讓你可以多點想吃的開胃菜或主菜。

想同時觀看多場運動賽事，可以設置多個螢幕，或是去運動酒吧。

如果要在兩場行銷活動中做選擇，或許可以設法在測試市場中嘗試兩種方案，看看哪一個效果比較好。

可以安排一場遊覽巴黎和羅馬的假期。

高勝算決策

當半途而廢的成本低，可以快速進行。如果可以進行多個並列選項，速度甚至可以更快。

如果一次可以做超過一件事，就會多出許多機會刺探世界，從經驗中獲取輸入資訊。

並列選項也能降低面對不利缺點的機會。 即使決策只有 10％的機會出錯，也就代表還是有 10％的可能得到壞結果，但如果能同時做多件各自有 10％機會出錯的事，所有事情都不順

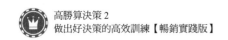
利的機率,就會小到幾乎可以不計,自然降低了快速進行帶來的代價。

同時並行多件事情確實會有代價。點菜單上的每一道菜,花費明顯比只點一道多。一次做超過一件事,會需要付出執行品質的代價。雖說你的注意力可靈活變通,卻不是無限量的。以同時做多件事的收穫,平衡損失的金錢、時間和其他資源,與多個選項的執行品質。

如果你看過電視節目用「兩名對象邀請參加舞會」的比喻,可以知道即使你能同時做超過一件事,也不代表你就應該這樣做。

 決策訓練

回想一個你一直束手無策的高影響決策,或過去曾令你束手無策的高影響決策。利用半途而廢的心智模型評估。

1. 簡短描述這個決策與主要選項。

_____

_____

_____

2. 選定一個選項後,半途而廢做出不同選擇的成本是什麼?

_____

_____

_____

3. 這有可能是成本可控的雙向門決策嗎？　　□是　□否

4. 如果是，半途而廢的成本是什麼？

_____

_____

5. 如果不是，你有什麼方法可以做決策堆疊，將成本較低的
決策放在單向門決策之前，為你之後的決策蒐集資訊？

_____

_____

6. 如果可以的話，描述這項決策施行並行選項的方法。

_____

_____

_____

圖解決策判斷流程

以下是個簡單的流程圖，勾勒本章針對取捨時間或準確度的概念：

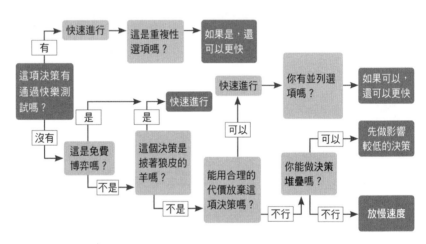

圖表 7-2　取捨時間和準確度的決策判斷流程

40 何時該停止分析，下好離手？

在 1950 年代末期和 1960 年代初期，有一部以一個「典型」郊區家庭為主角，且頗受歡迎的情境喜劇《天才小麻煩》（*Leave It to Beaver*）。「畢佛」（Beaver）是兩個兒子中幼子的綽號，影集中常會看到他闖些小禍。比如有一集，畢佛說他可以自己去髮廊剪髮，結果他弄丟剪髮的錢，只好拜託哥哥華利幫他剪髮，將他解救出這個困境。

華利揮舞著剪刀，頭髮掉落並堆積在地板上，畢佛問：「你好了嗎？」

觀眾這時候才初次看清畢佛，滿頭厚重的頭髮不見了。華利說：「呃，我不知道好了沒，但我想最好該停手了。」

你在要結束決策時，也是類似的境況。什麼時候應該停止分析，爽快做決定？

如果你的目標，是確定自己的選擇毫無問題，那永遠無法達成，追求確定會導致分析癱瘓。本章的重點就是幫你了解，**如何放棄以「確定」為目標，更快達成決策。**

無論你花多少時間決策，是丟硬幣還是進行漫長的分析，選項是難以區分，還是你有清楚的喜好，等你決定出一個夠好

的選擇，問自己一個最終問題：「有沒有什麼資訊是我能找到，並且會讓我改變想法的？」高品質的決策流程絕不能少了這一步。

你丟硬幣，結果是「巴黎」，那有什麼資訊是你能找到，並讓你將選擇換成羅馬的呢？

你經過一段嚴謹周密的招聘流程，選擇聘用應徵者 A。有什麼資訊是你能找到讓你改變選擇，或使你繼續尋找的？

幾乎所有決策都是根據不完全的資訊做的，最終問題能讓你想像，如果你全知全能、有一顆水晶球，哪些資訊會有幫助。

如果你能達到知識完備的狀態，有沒有什麼會導致你改變想法的？如果答案是有，問自己在沒有全知全能或超能力的情況下，是否能取得那個資訊。

很多時候答案是沒有。如果你猶豫要在巴黎還是羅馬待一週，清楚定下決策所需的資訊，大概是預知每一種假期的結果如何。身為平凡人，沒有時光機，想獲得那樣的資訊，並從中得到確定的感受，是可望而不可及的。

如果答案是：「不，我找不到資訊了。」那就做決策吧！你完成了，該停手了。

如果答案是有，而且你能找到那樣的資訊，那就問後續的問題：「你是否有能力取得。」

就算是可以取得的資訊，也可能因為種種原因而代價太

高：時間、金錢或社交身價。

如果你考慮搬到波士頓接受新工作，可以查明自己是否能夠適應東北部的冬天，但也那意味著做決定之前，要在波士頓生活一個冬天。除了在波士頓進行測試的成本，等到弄清楚是否能夠忍受冬天時，工作機會可能沒了，這種情況下，獲取資訊的代價就太高了。

如果你要招聘，隨時可以再次面試應徵者、聘請一家獵才公司，或對考慮人選進行更多次的面試，但是不代表這些選項全都應該進行。在招聘的時間裡，職缺依然沒有補上，還得花時間或付錢做額外的事。如果流程拉得太長，也可能失去偏好的應徵者，或其他面試過、通過唯一選項測試的應徵者。

如果你認為可以取得決定的資訊，並認為有價值且負擔得起，那就去找。但如果答案是「不」，就乾脆一點做決定吧。

在你確定一個選項後，可參考圖表 7-3 圖解，引導你至良好決策流程的最終步驟。

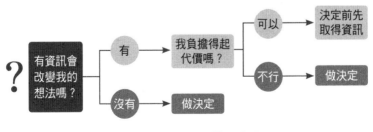

圖表 7-3　決策的最終步驟

41 摘要：
如何加快決策速度，不糾結？

這些練習是為了讓你思考以下的概念：

1. 我們在無關緊要的例行決策上花了大量時間。一般人每年花 250 至 275 小時決定吃什麼、看什麼，和穿什麼，相當於 6、7 個工作週的時間。

2. 時間或準確度取捨：提高準確度要花時間，節省時間是以準確度為代價。

3. 平衡時間與準確度取捨的關鍵，就是弄清楚決策沒有達到時間和準確度平衡的代價。

4. 透過評估可能性、回報和機率的架構，初步了解決策的影響，可找出代價小或不存在代價的情況，讓你有犧牲準確度的空間，有利於更快速決策。

5. 認清什麼情況下決策的影響低，能增加刺探世界的機會，也能增加知識並更了解自己的偏好，改善未來決策的品質。

6. 可以用「快樂測試」找出低影響決策，問自己決策的結

果是否對一週後、一個月後或一年後的快樂有影響。如果正在決定的事情類型通過快樂測試，則可以快速進行。

7. 如果一項決策通過快樂測試，且是重複的選擇，速度還可以再加快。

8. 免費博弈是一種決策缺點有限的情況，能省下決策時間用在如何執行。

9. 當你有多種選項的潛在回報很接近，這類決策屬於「披著狼皮的羊」。高影響決策往往導致分析癱瘓，但是優柔寡斷本身就是個訊號，暗示你可以快速進行。

10. 可用唯一選項測試判定一項決策是否為披著狼皮的羊。拿每一個選項問自己：「如果這是我唯一的選項，我會感到滿意嗎？」如果有超過一個選項的答案是肯定的，可以丟硬幣，因為無論挑選哪一個，結果都不會錯得太離譜。

11. 利用菜單策略分配你的決策時間。花時間分類整理，判斷你喜歡哪些選項，等你有了喜歡的選項，節省挑選的時間。

12. 當你挑選一個選項，就是略過其他未挑選選項的相關潛在利益，這就是機會成本。機會成本愈高，做出較不確定的選擇，代價就愈大。

13. 你可以藉由半途而廢彌補機會成本並加快決策，以你是

否可能改變想法、放棄選擇,並以合理的代價選擇其他
選項的架構,來觀察決策。

14. 決策半途而廢的成本低,稱為「雙向門決策」,也提供
低成本的機會做實驗向決策,以此蒐集資訊並了解你的
價值觀與偏好,供未來決策參考。

15. 面對改變想法會帶來高成本的決策時,試試決策堆疊,
在單向門決策之前,先做雙向門決策。

16. 如果可以施行多種並行選項,也能彌補機會成本。

17. 因為我們很不容易達到資訊完備,或篤定自己決策的結
果,所以大部分的決策是在還不確定時做的。想知道什
麼情況下,即使花再多時間也不可能增加準確度,可問
自己:「還有額外的資訊(以合理的代價取得)可確立
明顯更好的選項,或如果有明顯更好的選項,額外的資
訊會導致自己改變偏好的選項嗎?」如果有,就去找出
資訊。如果沒有,決定後就繼續向前。

檢查清單

要判斷是否能夠更快決策，可問自己以下問題：

☐ 你在決定的事情類型通過快樂測試了嗎？如果是，趕快進行。

☐ 通過快樂測試的決定有重複的選擇嗎？如果是，可以再快。

☐ 你是在免費博弈嗎？如果是，趕快抓住機會，將時間用在執行上。

☐ 你的決策是披著狼皮的羊，有多種選項通過唯一選項測試嗎？如果是，趕快進行，甚至可用丟硬幣做選擇。

☐ 你能夠半途放棄選擇，並以合理的代價挑選不同的選項嗎？如果可以，趕快進行。如果不行，你能做決策堆疊嗎？

☐ 你能進行多種並行選項嗎？如果可以，趕快進行。

☐ 是否有額外的資訊（以合理的代價取得）可確立一個明顯更好的選項？或如果有明顯更好的選項，額外的資訊會改變你的偏好嗎？如果有，就找出資訊。如果沒有，就做決定。

專欄 ① **電影情節中的免費博弈**

　　《魔鬼終結者》（*The Terminator*）是加拿大電影導演詹姆斯・卡麥隆（James Cameron）構思執導的電影。故事描述在悽慘陰暗的未來，有自我意識的電腦網路天網（Skynet）崛起，企圖消滅人類。一場由倖存者約翰・康納（John Connor）領導的反抗運動，要對抗天網及其機器大軍。

　　這場行動的焦點是莎拉・康納（Sarah Connor），1984 年洛杉磯的一名女服務生。未來她會生下約翰・康納，但當時她並不知道。

　　2029 年，天網派出機器人殺手 T-800（終結者），回到 1984 年殺死莎拉・康納，阻止她的兒子出生。反抗軍也派軍人凱爾・瑞斯（Kyle Reese）回到過去保護莎拉・康納，不讓她被終結者殺害。

　　終結者回到 1984 年的洛杉磯可能有兩個結果：

1. 殺死莎拉・康納，阻止天網的死對頭出生。
2. 行動失敗，天網依然控制著世界，發起核戰，消滅大部分的人類。

　　換句話說，就算終結者的行動失敗了，天網的情況也不會更

糟，還是得應付康納領導的反抗運動。從天網在 2029 年派終結者回到 1984 年的觀點來看，最糟的可能情況就是維持現狀。

但是萬一終結者成功殺死莎拉·康納呢？未來天網的情勢就會好上許多。

因此，天網和終結者屬於免費博弈。

專欄 ② **有些事不值得花太多時間,「夠好」就好**

　　我們可能花很多時間在優柔寡斷,不論是低影響決策還是高影響決策。所以本章討論的策略,目的是幫你弄清楚,什麼情況下,不值得在一項決策花太多時間。你得知道某項決策什麼時候「夠好」,尤其是不想在資訊不完備下,追求「完美」決策的虛幻理想。

　　某項決策盡可能地接近 100% 的肯定,稱做最大化(maximizing)。多數人都有追求最大化的傾向,因此花費大量時間追求確定的選擇。

> **高勝算決策**
>
> 最大化:決策的動機是努力做出最好的決定,在檢驗完所有選項前不做決定,儘量做出最完美的選擇。

　　當然,你可能鮮少趨近資訊完備的狀態。如果浪費時間在提升虛幻或極小的精確度,就沒有機會將時間運用在回報更高的地方、更有效地分類整理,或是做更多實驗向選擇,為將來的決策提供資訊。所以本章列出許多策略,都是為了將你導向更務實的

決策方法，稱為滿足化（satisficing），由「滿意」（satisfy）和
「足夠」（suffice）組成的名詞。

　　本書的架構應該能讓你更安於滿足化，選擇足夠良好的選
項，能優游在「正確」與「錯誤」之間的空間。

> **高勝算決策**
>
> 滿足化：決策的動機是選擇第一個令人滿意的可用選項。

第 8 章

負面思考，
反而是決策好工具

閱前測驗
過去有哪些深信不疑的信念？

✏️ **決策訓練**

花一點時間想想 10 年前或更多年前抱持的信念，當時你為
那些信念激烈辯護，但是現在回首從前，發現其實自己沒
有那麼堅定。

1. 列出最多 5 個這種信念。

　① _____

　② _____

　③ _____

　④ _____

　⑤ _____

2. 花一點時間想想你現在激烈辯護的信念。列出 5 個你認
　 為合適的選項，在 10 年或 20 年後回首，會發現沒有那
　 麼堅定的信念。

① _____

② _____

③ _____

④ _____

⑤ _____

3. 你覺得哪一個比較容易：找出過去篤信，如今不再堅定
   的信念，還是找出現在篤信，但未來可能懷疑的信念？
   圈選一個答案。

　　　　　　過去的信念　　　　　　目前的信念

目前的信念難以逆轉

　　多數人說起以前篤信，但後來重新審視的強烈信念，需要
更多空間來書寫，因為輕輕鬆鬆就能想到許多例子。你大概很
難想出許多目前相信，但將來會修訂或逆轉的信念，甚至連想
出一個都有困難。

　　本章稍後將回來討論這部分。

42 下定決心後，總會有執行的問題

你列出新年新希望：工作日的晚上不在外面待太晚。到了
1月的第2週，某個週三的午夜，你發現自己仍在外面，為一
個好朋友慶生。

不只有你很快就打破新年新希望，有23％的新年新希望，
於1週之內被放棄，甚至有92％的人始終沒有達到目標。

在達成目標時，我們總遇到執行問題。

決心吃得更健康是一回事，面對別人的生日蛋糕時堅守誓
言，又是另外一回事。

決定每天上班前去健身房是一回事，面對貪睡按鈕的誘惑
卻能立刻跳下床，又是另外一回事。

決心不因股市下跌而恐慌是一回事，面對市場下跌5％仍
然堅持，又是另外一回事。

知道若想達成目標要做什麼，和實際做的決策之間有落差。
美國理財規畫師卡爾・理查茲（Carl Richards）稱此為行為落差
（behavior gap），他在2012年出版的同名著作使用這個詞，使
這個名詞廣為人知。行為落差與執行相關，好消息是，負面思
考（negative thinking）是有效的決策工具，可以幫你縮小落差。

負面思考一定會帶來壞結果嗎？

　　與正向思考相關的著作可謂汗牛充棟，如拿破崙·希爾的《思考致富》（*Think and Grow Rich*）和美國作家諾曼·文生·皮爾（Norman Vincent Peale）的《向上思考的祕密》（*The Power of Positive Thinking*）。皮爾的作品十分受歡迎，他的好友和熱烈支持者，包括美國前總統艾森豪和尼克森，他甚至還主持過唐納德·川普的第一次婚禮。

　　這類作品提出正向思考和正向想像（positive visualization）能增加成功的機會，而與之相對，（有時候是暗示，有時候是明示）負面思考會減少成功的機會，甚至造成失敗。

　　正向思考的終極表現就是《祕密》（*The Secret*）一書，雖然呈現有些極端。這本書的官方網站號稱該書盤據《紐約時報》（*The New York Times*）暢銷書榜 190 週，銷售 2,000 萬本。《祕密》可說是正向思考力量的極致，不但明確主張抱持的念頭與成敗有著因果關係，還提出一個因果機制：磁力。

　　根據《祕密》，腦波有磁力特質，正向想法會吸引正面的事，負面想法會吸引負面的事。以恰當的方式想像一枚鑽石戒指，你的另一半就會送你一枚。想像上班的途中交通壅塞，你就會發現隔天早上車子一輛又一輛地擠在路上（專家提示：這一點超級奇怪，你的想法無法像磁鐵一樣把東西吸引過來）。

即使《祕密》假設的因果機制令人匪夷所思，念頭與結果間有著因果關係的說法，在這類探討正向思考的文獻中卻沒有爭議。幾乎讀過這類著作的人都會合理推斷，正向想法導致正向結果，負面想法帶來負面結果。

預想失敗，反而能避開阻礙

正向思考的著作，有很大一部分是要求你設定正向的目標終點，並想像自己沿著路線前進，每一個節點都成功。言外之意是，如果想像過程中自己可能失敗，失敗就會實現。這點將目標規畫和路線規畫混為一談。心想：「我會失敗。」跟想像「如果我失敗了，可能有哪些方式？」這兩者有很大的差異。

因此，不混淆這兩者相當重要。

其實，**想像可能會失敗，並不會讓失敗化為現實，反而有很大的價值，能讓你降低速度、減少迷路或突破阻礙你到達終點的障礙。**

可以將這種價值想像成使用舊式的紙地圖，和使用導航應用程式的差異。紙地圖能讓你看到終點與到達終點的不同路線，但所有路線看起來都像毫無障礙的道路。紙地圖無法看出道路封閉、車流擁擠、事故或測速照相，無法讓你看到可能阻

礙前進的障礙，但導航可以。所以現在很少人在使用紙地圖了。

至於導航作用，負面思考讓你能更可靠地到達終點。

心智對比，就像決策用的導航

有相當多針對心智對比（mental contrasting）的研究在論證負面思考的力量。心智對比是想像通往終點的路上可能會有的障礙，就像用導航做決策。

高勝算決策

心智對比：想像你想完成的事，與遭遇可能阻礙你完成的障礙。

紐約大學心理學教授蓋布里奧・歐廷珍（Gabriele Oettingen）進行超過 20 年的研究顯示，預先考慮抵達目標的路途中可能出錯的方式，有助於順利到達終點。舉例來說，一群人參加一項至少減重 23 公斤的計畫，**想像各種失敗情況的人，比只進行正向想像的人，平均多減去 12 公斤。**

她還發現，心智對比在各種領域，都提供類似的激勵作用，包括取得更好的成績、準時完成學校功課、找工作、術後

恢復，甚至是堅持邀請暗戀對象約會。

就像你使用導航而不用紙地圖一樣，事先想好決策哪裡可能出錯、哪裡可能有厄運干擾，當事情真正發生時，你就不會太意外，而且有一套因應計畫，能管理自己的反應。

這就是負面思考的力量。

儘管心智對比有顯著的優點，但負面思考的力量，並未能像正向思考般抓住時代精神。這不令人意外。

想像成功可以肯定你的能力，與達成目標的能力，很像實際體驗成功的感受。

正向想像讓你品嘗實際成功時獲得的情感，相反地，想像失敗的情緒感受類似實際失敗。也就可以理解，人們被鼓勵著感受美好、逃避不悅感受的自助類型吸引的原因。

但是心智對比的研究顯示，想像失敗帶來的短暫不適有其價值，因為**擁抱不適感讓你更有可能真正經歷成功，心理上的辛苦能帶來現實世界的收穫**。

心智時光旅行，將過去、現在和未來納入考量

可以結合心智時光旅行（mental time travel）改進心智對比。

心智時光旅行是想像自己在過去或未來的某個時間點。人

類天生會進行心智時光旅行，在白日夢中幻想兒時，或想像世界在 10 年、20 年後是什麼樣子，甚至是你壽終之後的樣子（遺產規畫就是一種心智時光旅行）。

想像自己在過去或未來情況的行為，是一種富有成效的決策工具，稱做前瞻性後見之明（prospective hindsight）。

前瞻性後見之明可強化心智對比，因為**從終點往回看，比起從起點向前展望，是規畫最佳路線更有效的方法**。

爬山想登頂必須從山腳開始，前方的景物會占據大部分視野，並阻擋你看清通往山頂的路線與路上可能遇到的障礙。到達山頂後回頭看起點，可以看到完整的景觀，包括倒下的樹或阻擋通行的岩石，這些景象是在山腳下看不到的。你可以清楚看到其他路線可能比你走過的路更安全、更有效率。

所以說開始爬山前，請教曾經登頂的人會很有幫助。

說回決策。眼前的情況對我們的思維模式發揮巨大的影響，因為我們容易假設情況會持續下去，認為現在的情勢就是未來會一直有的情勢，稱為維持現狀偏見（status quo bias）。

當然，幾乎所有事都會隨著時間改變，包括情緒狀態、賺多少錢或政治風氣。典範轉移、挑戰改變、市場情況演變與科技，既提供額外的解決方法也創造新的問題。**如果從現在往前看，維持現狀偏見會扭曲你的觀點。**

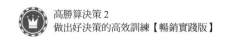

> **高勝算決策**
>
> 前瞻性後見之明：想像自己在未來的某個時間點，成功達成目標或最終走向失敗，回頭檢視你是如何到達那個終點。

> **高勝算決策**
>
> 維持現狀偏見：認為現今的情況在未來將維持不變。

但如果你做計畫，是從未來一個想像的時間點回頭看現在，就能提升你的眼力，看到當下眼前之外的情況，不僅是路上更遠處的障礙，還有情勢可能的變化。

快樂測試是一個範例，說明心智時光旅行如何讓你有更清楚的視角。應用快樂測試進行未來之旅，會提醒你現在覺得天大的糟糕事，例如：挑錯電影或挑錯主菜，等到時間過去就會從視線中淡去。

像站在別人立場看待自己

還記得本章的閱前測驗嗎？比較 10 年前的信念與現今抱持的信念。一般人普遍比較容易想起過去相信，現在卻已經不信

的事，而不是現在相信，未來很可能變化的事。

這顯示心智時光旅行的附加優點 —— 找到外部觀點，讓你更像是旁人觀察你般看待自己。

我們都有保護自己個性特徵的動機，也有動機維持自己的信念完整無損，這會使我們很難客觀看待自己，但你不會有同樣的動機保護別人的個性特徵與信念。

看著過去的你，類似於看別人，就像聽朋友抱怨他們交往的混蛋，你會以比較客觀且超然的態度看待情況。這正是為什麼人們較容易列出久遠以前相信，現在卻覺得不堅定的信念。

前瞻性後見之明，讓你想像未來的自己回頭看現在的自己，以那種觀點思考「那個人」的目標與決策，會比陷入當下引力之中的你，想得更加清楚。

43 預測決策可能失敗的方法

事前驗屍：從負面的未來回顧流程

如果看過警匪劇或醫療類戲劇，對驗屍大概不陌生。驗屍就是對屍體進行體檢以判斷死因。企業也有類似的做法，透過事後勘驗以找出不良結果的原因，目的是從過去的錯誤中學習。

顧名思義，事後勘驗就是發生在事情過後，所以優點就局限在提供未來經驗和教訓。然而，你應該知道那些教訓的品質並不完美，因為會有結果論之類的偏誤。

驗屍有其局限，因為病人已經死亡，無法讓屍體起死回生。同樣地，企業之所以做事後勘驗，是因為已經遭遇失敗。

基於這樣的理由，美國心理學家蓋瑞・克萊恩（Gary Klein）建議使用他稱做事前驗屍（premortem）的決策工具。事前驗屍可以在病人仍在世時，進行同樣的死因檢驗。進行事前驗屍時，想像自己做了個具體的決策，但發展不順利或沒能達到目標。從已經經歷未來失敗的有利觀點，回顧現在並找出可能失敗的原因。

　　假如你的目標是接下來 6 個月每天上午去健身房，想像從現在起的 6 個月後，你只去健身房 3 次。為什麼會發生這樣的情況？

　　你有趕不上截止期限的問題，所以決定下個任務要準時完成。想像計畫到期後的那一天，你還是沒有完成任務。為什麼會發生這樣的情況？

　　你招募求才，並決定僱用某位應徵者。在提出工作機會之前，想像現在起的 1 年後，那人已經辭職。為什麼會發生這樣的情況？

> **高勝算決策**
>
> 事前驗屍：想像自己在未來的某個時間點沒能達成目標，並回頭看看你是怎麼走到那個終點的。

干擾目標達成的兩大因素

　　以下是決策流程中進行事前驗屍的方法（改編自蓋瑞・克萊恩）：

高勝算決策

事前驗屍的步驟

1. 找出想要達成的目標,或正在考慮的具體決策。

2. 計算達成目標或決策發展到最後的合理時間段。

3. 想像在那段時間過後的那一天,你沒有達成目標,或決策的發展欠佳。從那個時間點回顧,列出最多 5 個因為自己或團隊的決策與行為而失敗的原因。

4. 列出最多 5 個因為無法控制的事情而導致失敗的原因。

5. 如果是以團體來做此練習,在討論原因之前,每個成員先個別進行步驟 3 與 4。

大致來說,有兩類事情會干擾目標的達成:

1. 你可以控制的事:自己的決策和行為,如果以商業為背景,常見的情況是團隊的決策與行為。

2. 你無法控制的事:除了運氣,就是你無法影響的人做出的決策和行為。

成功的事前驗屍應該能得出每一個類別的失敗原因。

舉例來說,你明天早上必須準時上班,趕上早會。想像你

遲到，錯過部分的會議。為什麼會發生那樣的事？

1. 和你的決策有關的原因：你因為按下太多次貪睡按鈕而睡過頭、忘了設鬧鐘、留太少緩衝時間給通勤、邊開車邊傳訊息發生事故。

2. 你無法控制的原因：手機沒電關機，所以鬧鐘沒有響、突然來了一陣暴風雪、路況順暢，但是上班途中發生事故，有人邊開車邊傳訊息，撞上你的車。

再舉例，你全心奉獻給你的新創公司 Kingdom Comb，想像從現在起的 1 年後，你失敗了。為什麼會發生那樣的事？

1. 和你的決策有關的原因：你是個討人厭的老闆，無法留住有價值的員工。籌募種子資金時，提出的估價太貪婪又拒絕妥協，結果除了親友之外沒能籌到資金。你堅持自己剪頭髮，結果看起來很糟，還給潛在投資人留下揮之不去的負面印象。

2. 你無法控制的原因：正要籌募種子資金時，經濟衰退來襲，賠光新創公司的資本。汽車共乘龍頭公司將業務範圍擴大到相同領域，扼殺了你的事業。

決策訓練

1. 挑選一個目標或正在考慮的具體決策。

_____

_____

2. 達成目標或是決策發展的合理時間是多長？

_____

　想像剛過了那段時間，情況發展並不順利。為什麼？

3. 列出最多 5 個因你的決策和執行而發生此狀況的原因。

① _____

② _____

③ _____

④ _____

⑤ _____

4. 列出最多 5 個因你無法控制的因素而發生此狀況的原因。

① _____

② _____

③ _____

④ _____

⑤ _____

5. 事前驗屍有找出之前未看出的障礙嗎？勾選一個答案。
□ 有　□ 無

這樣做，多找出三成會失敗的原因

多數人進行事前驗屍，都能找出一些失敗的原因，而且大概是原本不會想到的原因。

研究顯示，**結合心智時光旅行和心智對比，可以幫助某件事多找出 30% 為什麼可能失敗的原因**，明顯是將你的水晶球升級。事前驗屍提高一窺未來的清晰度，而且對未來的看法愈完整，決策愈好。

鼓勵不同觀點，破解團體迷思

我們直覺上認為，做決策時人多比一個人好，因為可以藉由探取外部觀點獲得更高品質的決策，而外部觀點有部分就存

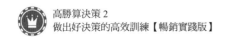
在其他人的腦子裡，一群人就等於更多人頭，應該會有更多外部觀點。

可惜，團隊的動能往往會妨礙潛在優勢。團隊會自然趨向於團體迷思，成員會強化彼此的見解。當大家感覺達成共識，此時有成員腦子裡出現偏離團體的想法，往往（通常是無意識地）會避免分享自己的見解。有時候是因為成員在沒有意識到的情況下改變了意見，忘了曾經有分歧。有時候則是他們不想成為「會吵的小孩」或「唱反調的人」，希望被視為「有團隊精神的人」，受大家歡迎且支持，並達成共識。

雖然團體的每個成員，都可能探取存在於眾人腦中的不同意見，接觸到更多外部觀點，但實際上通常還是許多人表達相同的內部觀點。

事前驗屍能暴露並鼓勵不同的觀點，幫助團隊解決團體迷思。當團體一起做事前驗屍，有團隊精神的好成員，會勇於提出決策可能失敗的方式，想出團體共識會帶來錯誤的原因。事前驗屍揭露孩子的哭聲，並給予鼓勵。

如果你想窺見自己不知道的宇宙，看看與你的見解不一致的事物，事前驗屍便可做到這一點。

結合向後預測，準確預測未來

當然，完整看見未來，所仰賴的不只是探索負面的可能性，未雨綢繆雖然有幫助，但天並不會老是下雨。你需要想像自己為什麼可能成功與為什麼可能失敗。探索這兩種未來，才能給你最準確的預測。

向後預測（backcast）與事前驗屍為同一組技巧，做法為想像積極正面的未來，並往回推想。史丹佛大學心理學博士奇普·希思（Chip Heath）與杜克大學社會企業精神推廣中心研究員丹·希思（Dan Heath），稱這個流程為遊行前（preparade），事先想像為什麼有人為你舉辦遊行慶賀。

> **高勝算決策**
>
> 向後預測：想像自己在未來的某個時間點成功達成目標，並回頭看自己是如何到達那個終點的。

向後預測時，想像決策已經產生結果或達成目標，並問：「為什麼會發生這樣的情況？」向後預測的步驟與事前驗屍差不多。

┌─ **高勝算決策** ─────────────────────────┐

向後預測的步驟

1. 找出想要達成的目標，或正在考慮的具體決策。

2. 計算達成目標或決策發展到最後的合理時間。

3. 想像在那段時間過後的那一天，你達成了目標，或決策的
   發展順利。從那個時間點回顧，列出最多 5 個因為自己或
   團隊的決策與行為而成功的原因。

4. 列出最多 5 個因為無法控制的事情而獲得成功的原因。

5. 如果是以團體來做此練習，在討論原因之前，每個成員先
   個別進行步驟 3 與 4。

└──┘

決策訓練 ···

套用先前進行事前驗屍的目標或決策，想像自己已經成
功，並問自己為什麼會如此。

1. 列出最多 5 個因為你的決策和執行而成功的原因。

① _____

② _____

③ _____

④ _____

⑤ _____

2. 列出最多 5 個因為無法控制的事情而成功的原因。

① _____

② _____

③ _____

④ _____

⑤ _____

對未來有更清楚的觀察

雖然需要事前驗屍與向後預測，才能對未來有清楚的觀察，但本章強調負面思考的理由，是為了鼓勵你跳脫出想像成功。對大多數人來說，想像積極正向的未來並不難，你大概本來就一直在做向後預測。

事前驗屍與向後預測的關係，類似於外部觀點與內部觀點。一個好的決策流程始於考慮外部觀點，並鎖定於此，因為你天生就立足於內部觀點。**外部觀點能約束內部觀點中的認知**

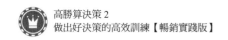
偏誤。同樣地，好的決策流程始於事前驗屍，並鎖定於此，因為你天生就會向後預測。

結合兩者能讓你看到統合完整的未來。事前驗屍減少趨於過度自信的傾向、盡在掌握中的錯覺，以及其他讓你高估事情進展順利的認知偏誤。如果你天生悲觀或不自信，向後預測會讓你的觀點趨於平衡。

> **高勝算決策**
>
> 就像準確存在於外部觀點與內部觀點的交界，對未來更準確的看法，存在於事前驗屍與向後預測的交界。

更重要的是，你不只是在想像成功與失敗，而是在找出通向兩種結果的路徑、走上通往成功之路的多種方式，以及必須避免或處理的障礙。

決策探查表，同時評估有利和不利的因素

並列事前驗屍與向後預測的輸出結果一起看頗有助益，這時可以使用決策探查表（Decision Exploration Table）。

決策探查表中還有一個欄位，以評估導致失敗或成功原因

的機率。因為這些事，無論是你能控制或無法控制，機率皆不均等，將機率納入預測會有幫助。結合對這些有利或不利因素的影響來評估，更能依優先順序排出對每一項的關注程度。

 決策訓練

1. 利用決策探查表，記錄你剛進行過的事前驗屍與向後預測的結果。再加上每一項可能性的評估。

決策探查表

	失敗（事前驗屍）	%	成功（向後預測）	%
能力（受你控制）	1		1	
	2		2	
	3		3	
	4		4	
	5		5	

	失敗（事前驗屍）	%	成功（向後預測）	%
運氣（不受你控制）	1		1	
	2		2	
	3		3	
	4		4	
	5		5	

如何預先提高成功率？

　　如果你的目標和決策有導航應用程式，就會像事前驗屍和向後預測，輸出的結果則像決策探查表。你已經找出增加或減少成敗機會的兩大事件類型（能控制和無法控制），並對可能性做出據理推測。現在有一張滿意的地圖，顯示前往目標的途中會有什麼。

　　現在你有了輸出資訊，要如何應用學到的東西，預先提高成功的可能？

做完這些練習之後，該考慮的第一件事，就是根據新學到的技巧，你是否想修正目標或改變決策。

舉例來說，假設你所在的醫療設備公司，準備在一個海外新市場銷售其中一款設備，團隊進行事前驗屍發現，該國正在斟酌的新法規將禁止這類設備，你預測法規實施的機率很高。你決定在不確定的狀況消除前，不在那個市場銷售設備。

倘若你判定即使完成這些練習後，還是有充分的理由繼續進行，決策前可以用事前驗屍與向後預測的輸出結果，考慮以下行動：

1. 調整決策以增加好事發生的機會，並減少壞事的發生。
2. 計畫如何因應未來的結果，以免毫無準備而猝不及防。
3. 萬一發生不好的結果，想方設法減輕影響。

44 預先承諾，降低阻礙

決策探查表有助於找出朝目標前進的決策和行動，與阻礙進展的決策和行動。完成這項練習後，就該明白如何**提高阻礙，防止會干擾成功的行為，或降低阻礙，鼓勵能促進成功的行為**。

這個決策工具為預先承諾約定（precommitment contract），又稱做尤利西斯合約（Ulysses contract），以荷馬史詩《奧德賽》（Odyssey）中，希臘英雄的羅馬名稱尤利西斯為名。尤利西斯具有別具一格的承諾。他知道回家的路上，船隻必定要經過海妖賽蓮（Siren）的島嶼。他已經收到警告，如果他或船員聽到賽蓮的歌聲，將產生無法抗拒的欲望，將船駛向島嶼的岩岸而死亡。

他做了優質的心智對比。先找出可能失敗的原因，尤利西斯採取行動以確保自己不會衝動行事，走向死亡。在航行通過島嶼之前，船員的耳朵皆塞上蜂蠟，使他們聽不到歌聲，又命令船員將他綁在船的桅杆，他就絕對不會在聽到致命的歌聲時，朝歌聲前進。

高勝算決策

預先承諾約定：一種協定，承諾事先採取或克制某種行動，
又或是提高或降低採取行動的障礙。這種協定可能是與其他
人簽訂（團體決策，或表示對另一個人負責），也可能是對
自己。

尤利西斯合約包含 3 種預先約定：

1. 就如同尤利西斯，實際上阻止自己做出拙劣的決策。
2. 可以提高阻礙，使難以進行會挫敗目標的行為。當你提
   高障礙，就像將自己栓在船的桅杆一樣，並不會真的阻
   止自己行動，但是增加阻力，讓你更難破壞計畫。提高
   的障礙也給你暫停的時間，在行動前想一想。
3. 可以降低阻礙，減少邁向成功行動時的阻力。

提高障礙的尤利西斯合約，就像是想減重的人將冰箱上
鎖，並將鑰匙放在定時開啟的保險箱，還對朋友宣告自己的意
圖。鎖讓你無法打開冰箱，告訴朋友自己的意圖，讓你對另一
個人負責，這些都是迫使你忠於自己承諾的障礙。

你可能早就在使用尤利西斯合約，幫助自己堅持決定。

舉例來說，為了避免在受影響的情況下開車，除夕夜外出時，你使用汽車共享服務，也就阻止你在當晚自己開車。

你想準時上班，於是將鬧鐘放在房間的另一端，這就提高按下貪睡按鈕的難度。

你決定吃得更健康，你知道吃宵夜是最大的誘惑，可以把屋裡的垃圾食物丟掉。雖然還是可以點外賣或到最近的得來速，但是扔掉垃圾食物增加阻力，並提高屈服於衝動的障礙。還可以在屋子裡囤滿健康食品，或帶午餐上班。這樣就降低阻力，也更容易堅持好選擇。

你的目標是為退休儲蓄，而且你發現衝動購物讓你超支。你可以設定薪資自動轉帳到退休帳戶，這樣就比較難刷爆預算。

決策訓練

1. 利用剛建立的決策探查表，列出最多 3 個你可能做的預先承諾，可實際阻止你做出有違計畫的行為，或是提高、降低障礙，也可能是勸阻、鼓勵自己和團隊的決策。

　①＿＿＿＿＿＿＿＿＿＿＿＿＿＿＿＿＿＿＿

　②＿＿＿＿＿＿＿＿＿＿＿＿＿＿＿＿＿＿＿

　③＿＿＿＿＿＿＿＿＿＿＿＿＿＿＿＿＿＿＿

降低迷失和偏離的機率

　　預先承諾約定並不保證通往終點的理想路線永不偏離。不同於尤利西斯，手邊正好有桅杆可以束縛自己，確保你規矩行事的情況很少。**雖然預先承諾約定無法擔保未來的決策完美無缺，但能降低迷失和偏離的機率。**而且決策品質即使只有小小的提升，也能隨著時間累積，讓你更有可能到達終點。

45 揪出不起眼但會失敗的邪惡選擇

進行事前驗屍時，思考的是未來非故意的失敗，你的目的是成功，結果卻失敗了。

但如果想像的是，可以故意讓自己失敗的方式呢？那就是以前瞻性後見之明學到的東西為基礎，發展出的終極負面思考練習，稱為邪惡博士遊戲（Dr. Evil game）。

邪惡博士遊戲，改編自丹・伊耿（Dan Egan）。想像邪惡博士有個精神控制裝置，讓你做出保證會失敗的決定。身為邪惡天才的邪惡博士，知道只有當你沒發現他時，你才有可能失敗。如果你做出明顯不好的決策，他就會被發現，你和身邊的人會注意到你做出不好的決策，他的邪惡計畫將因此遭到阻撓。

邪惡博士的惡毒計畫，是必須讓你失敗，且不能被發現。因此他會讓你做出失敗的決定，也就是任何個例都很容易做出有滿意解釋的決策，但這類決策長時間一再重複的話，最終會走向失敗。

在你謹慎提防將甜甜圈當成免費博弈時，已經遇到了邪惡博士的例子。免費的甜甜圈，弊端能有多大？吃一個甜點感覺不會讓你離「吃得更健康」這個目標太遠，而且相當容易找到

理由為例外的行動辯護。只有隨著時間過去，才會看出小小的損失如何累積。

邪惡博士就是這樣打倒你。如果他想讓你的營養攝取目標失敗，他不會送你一卡車的起司蛋糕、爆米花、披薩和冰淇淋，讓你在決定吃得更健康後的一個小時，把食物都塞進肚子裡。而是讓你情緒變化，感到不開心，想吃一片起司蛋糕。一天後，你解決了感情問題，開心地看電影，搭配一桶爆米花。然後，你工作到很晚，肚子餓，老闆點披薩給大家吃，因此你吃了一片披薩。接下來的週末是姪兒的生日派對，大家都在吃冰淇淋，你也跟著一起吃，因為你不想表現得沒禮貌。

這就是邪惡博士讓你失敗的方式。他讓你**做出隱藏在陰影的細微拙劣選擇，不讓你看出一再做這類決策必定會導致失敗**。你把每一個例子看成獨立且理由正當的個案，沒有看到它們屬於更大的陰謀。

按下貪睡按鈕時，你看到的是再睡 5 分鐘的好處，沒有看到一系列決策累積的弊端，會讓你變得不可靠或慣性遲到。邪惡博士遊戲能讓你在被這類決策圍攻之前，清醒並意識到問題。

高勝算決策

邪惡博士遊戲的步驟

1. 想像一個積極正面的目標。

2. 想像邪惡博士能控制你的大腦，導致你做出必定會失敗的決策。

3. 那類決策的任何個例必定都有個足夠合理的解釋，不會被你或其他檢視該決策的人注意到。

4. 寫下那些決策。

　　邪惡博士遊戲的輸出結果，可找出會導致失敗的所有決策類別。

　　找出那些決策後，有兩種方法處理這些類別：

1. 你應該知道這些決策類型需要特別關注，它們在決策流程的重要性需要提高，這樣才會更加慎重，不至於不多思考（就是沒有從累積不利影響的背景下考慮）。
重要的是做這些類型的決策時，要多留意脈絡背景。問自己一些問題，例如：「我最近多久有一次例外情況？」或「一週或一個月後，我會覺得這些例外划算嗎？」慎重思慮，讓你稍微停下來思考，也提供機會做

時光旅行，探索未來的內心世界。

這種對脈絡背景的要求，對團隊決策尤其重要。應該鼓勵團隊成員質疑理由輕易就被接受的決策，尋找例外可能變成常規的情況（而且那種常規會破壞原來目標的實現）。

2. 可以做預先承諾，藉由做類別決策（category decision），讓你擺脫那些選擇。

高勝算決策

類別決策：一類決策，除非聚集在一起，否則很難發現其中的拙劣，這時，可以事先判定在那個類別的選項中，哪些可以選擇、哪些不能選。

飲食選擇就是一種類別決策。假設你決定當個素食主義者，那就是類別決策，在你決定要吃什麼時，動物類產品不再是你的選擇。如果你遵循生酮飲食，碳水化合物就不在選項之列。

「我是素食主義者」和「我想少吃肉」有很大的不同。如果是後者，你面對的是每餐重新決定是否吃肉，而且每次做新決定時，都在邪惡博士的掌控之中。

成功的專業投資者有個常見的做法，就是做類別決策以避

免超出自己能力範圍的投資。面對超出自己專業知識範圍的機會，尤其是有希望帶來豐厚報酬的機會，投資人可能會欺騙自己，以為自己能做出成功的決策。

游離在能力範圍之外的誘惑，在那些界線不存在時特別強烈。另一方面，如果他們說：「我是種子投資者」或「我只投資正在重整或破產的不動產投資信託（REIT）資產」，就比較不可能考慮其他出現的機會。

做類別決策是在對自己可以選擇和不可以選擇的選項，做一次性的事先挑選。這就避免在容易受到當下衝動的影響下，做出一連串的決策。

決策訓練

1. 根據你在決策探查表考慮的目標，列出最多 3 種邪惡博士可能導致失敗的方法。每個決策的理由都必須充分合理，即使是外人從其他類似決策的背景下觀察，也不太會起疑。

① _____

② _____

③ _____

2. 描述至少一個你可能當成預先承諾，以避免重複「一次
   性」情況的類別決策。

_____

_____

_____

阻饒決策的人，可能就是你

　　從邪惡博士遊戲應該看得出來，邪惡天才就是你。邪惡博
士的計畫，正是你隱諱地阻撓自己的方法。

　　邪惡博士並不是用斷頭台的刀砍掉你的頭，而是千刀萬
剮的凌遲。不管是哪一種情況，你的決策都很容易找到理由辯
護。他給你一個好的理由，做出導致你在通往目標的路上，一
點一點敗退的選擇。接著，他累積許多這種決策，慢慢地扼殺
你的計畫，不讓你意識到你正在打倒自己。

　　做類別決策就像其他類型的預先承諾，你做的決策未必次
次都落在正確的類別。但是採用類別決策將大幅減少偏離方向
的機率，而且獲益會隨著時間而累積。

46 學會控制對壞結果的反應

　　另一個會妨礙達成目標的阻礙，就是你對壞結果的反應。當壞結果一出現，你的決策就會受影響。計畫如何應對未來命運的磨難，可以更妥善處理挫敗，並避免讓壞結果更糟。

　　壞結果出現的當下，你可能情緒低落，特別是壞結果出於無法控制的事情。你的大腦情緒中心被喚醒，增加你做出拙劣決策的可能。大腦中有關情緒的區塊被激發時，會抑制負責理性思考的區塊，會危及你在那個狀態下做出的決策品質。

　　這種激烈的情緒狀態稱為情緒失控，更有可能做出雪上加霜的壞決定。

　　你為自己建立多元且分散的投資組合。股市一個月下跌5％，於是你抽出現金與債券的資金，重新分配到股票，以便在低點買進。不到一週，股市又跌了5％，於是你驚慌失措，立刻抛售所有股票。這就是情緒失控。

　　情緒失控時，會從很多方面損害你的決策。

　　比方說，假設你承諾要展開健康飲食。一週後，你在休息室吃了幾個甜甜圈。很多人對這個壞決策的反應是：「沒錯，今天已經完蛋了。」於是乾脆大量攝取垃圾食物，想著隔天再

開始，或下週再減重，甚至當作明年的新年願望。這又稱做管他的效應（what-the-hell effect）。

情緒失控：壞結果導致你處在激動的情緒狀態，損害決策品質。

再舉例，假設你有一些計畫已經投入大量資源，情況卻不盡理想，你不太可能在這時候半途而廢，但客觀的旁觀者看出放棄才是合適的做法。在壞結果出現後，很難理性看待情況。如果可以獲取外部觀點，你會選擇放棄，但你因為陷入內部觀點而沒有放棄，這是**沉沒成本謬誤**（sunk cost fallacy），也是一個情緒失控的例子。

提早為挫敗做準備

在事情發生之前考慮如何應對負面結果，會比較理性思考。在事情出錯之前，思考情況不如理想時該採取的適當行動方針，會比在事情出錯後才思考更為容易。

找出事情可能在哪些地方出錯，為有助於從三方面減少情緒失控。

第一，預先找出壞結果，可以降低實際發生壞結果時，對你造成的情緒影響，將你的態度從「我不敢相信我會發生這種事」，轉為「事情發生了，但我知道這是可能發生的事。」若在壞結果出現後能變成後者的狀態，比較不會出現情緒失控。這或許就如同蓋布里奧・歐廷珍的發現──心智對比會改善結果，因為你已經預先接受事情可能發展不順利的事實。

第二，學會辨認自己情緒失控的跡象，就能更快發現並加以處理。根據過去情緒受傷害的例子以辨認這些情況，並建立情緒失控清單，如：是否漲紅了臉？是否很難保持思路清晰？是否會自言自語，說著自己怎麼老遇到壞事，或早該知道會發生壞事？當你受情緒影響，是否會認為事情是針對自己，或產生對抗心態，又或是使用特定的語言，改採其他思維模式？

每個人都有不同的跡象，但可以學會在發生時留意。

建立情緒失控清單，並開始查核這些情況後，試著做心智時光旅行，從外部觀點觀察自己的處境，也就是徵用未來的自己幫助現在的自己平靜。

發現情緒失控的跡象時，可問自己：「一週後（或一個月、一年後），我會滿意此刻做的決策嗎？」還可以應用快樂測試，心智時光旅行能幫你獲得更清楚的觀點，創造停下來思

考的片刻，減少做出妥協決策的機會。此外，心智時光旅行徵用大腦負責理性思考的區塊，抑制情緒反應。

第三，可以預先承諾在壞結果出現之後，會採取（或避免採取）某些行動。這相當於將雙手綁在船的桅杆，預防情緒主導決策。舉例來說，你發現自己在股市驟跌後做出差勁的決策，那就找別人幫你執行交易，以防自己在衝動下進行交易。

如同其他預先承諾一樣，給自己的反應預設標準。假設你認為自己可能落入沉沒成本謬誤，在放棄才恰當的情況，你卻拒絕放棄，那就預想你會放棄的情況，並寫下來，在情況出現時努力改變方向。這在以團隊為主的決策中尤其有效。

也可以計畫如何處理管他的效應。假設你決心要吃得更健康，卻發現你無法時時刻刻都做出完美的決定。當你想像自己的決心動搖，屈服於休息室的甜甜圈，可以事先打定主意，不讓壞決定使目標脫軌或延遲。如果是向其他人宣布自己的目標和意圖，而讓自己言出必行，效果更好。

> **決策訓練** ··
>
> 1. 回頭看決策探查表，挑出一種壞運氣干擾的可能方式。
>   在下方根據如何應對壞運氣做預先承諾。
>
> _____
>
> _____
>
> _____
>
> _____
>
> _____

情緒失控會破壞決策，意外的好結果也會

情緒失控涵蓋好幾種對壞結果的情緒反應，但出乎意料的好結果也可能會破壞你的決策。

- 你等到最後 1 分鐘才寫報告或讀書準備考試，最後拿到了 A 的成績，讓你覺得下次考試也可以等到最後 1 分鐘再讀書。
- 你的事業陷入困境，不得不緊急僱人，所以沒有從多個

應徵人選中挑選，也不夠了解緊急聘來的人。結果他們
表現優秀，於是你認定自己能迅速判斷人的性格，認為
在未來挑選員工時，不必多招攬應徵者或進行面試。

- 在投資出現正向成果後，你高估自己選股的能力，或以
為再也不需要分散風險。

高勝算決策

可按照應對出乎意外的壞結果做準備用的工具，也預先為出
乎意料的正面結果做準備。

---

47 預防厄運干擾決策品質

你可能認為，厄運是無法控制的因素，因此當你發現壞運氣可能干擾決策時，唯一能做的就是安排應對計畫，並嚴格控制自己的情緒。

其實不然。發現有厄運的可能性時，可預先做一些事，減弱厄運的影響，稱為避險措施。

避險措施有 3 個關鍵特徵：

1. 在厄運出現時降低衝擊。
2. 有代價。
3. 希望永遠用不到。

聽起來可能很像保單。保險是避險的典型例子，購買住宅綜合保險顯然有代價，但如果一場火災毀了房子，保險將支付大部分的財務成本。有住宅綜合保險的人都承認，這類支出是為了希望永遠用不到。

事前驗屍能找出厄運可能干預的地方，應該積極評估機會，防備厄運。

日常生活中有許多避險措施可用。

假設你渴望一場戶外婚禮，事前驗屍會提醒你，若有暴風雨就可能毀掉那一天。既然夢中婚禮在戶外進行，可以事先租用帳篷並架設好，以防下雨，這就做到了避險。租賃要花費金錢，你也希望用不到帳篷，但是萬一運氣不好，這些措施就挽救了美好的一天。

提早出發前往機場，給自己額外的時間以趕上飛機，這也是避險的表現。代價是可能得在機場等待一段時間，但如果路途交通堵塞、有車禍，或通過安檢耽擱很長的時間，你也不會因此錯過飛機。

高勝算決策

避險：為了希望永遠用不上的東西付出代價，以減輕不利事件造成的影響。

傳言中，伊萬‧布斯基點了綠苑酒廊菜單上的每道菜，是在預防點的餐點味道不好。點菜單上的所有餐點，只為了避免點到不喜歡的餐點，代價就是花很多錢，多數人會覺得這樣的避險代價不合常理。

如果你和朋友各點一道不同的主菜，並同意共享，就可以

執行沒那麼奢華的布斯基避險方法，但還是有代價存在，即使你喜歡自己點的餐，還是得分走一半。

採行並行選項就是在避險，每一個額外的選項都有成本，但是減輕其他事情不順利的影響。

決策訓練

1. 利用決策探查表的事前驗屍，挑出你認為運氣可能干擾計畫的一種方式。

_____

_____

2. 說明如何用避險措施減輕厄運的影響。

_____

_____

_____

事先想像後悔的情緒

考慮避險措施時，相對於減少壞結果影響的好處，自然會將重點放在衡量避險的代價。然而，**還應該事先考慮，萬一沒有用到避險措施，會有什麼感受**。當你為了一項避險措施付出代價，最終卻因為沒有下雨或房子完好無缺，沒有用到避險措施，你可能會為當初花錢而懊悔。你可能覺得早就知道自己不需要，但這只是後見之明偏誤。

事先考慮懊悔的情緒，就能提醒自己當初為什麼花錢買避險措施，也能避免後見之明的陷阱。

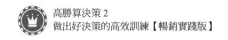
48 摘要：
負面思考，反而是決策好工具

這些練習是為了讓你思考以下的概念：

1. 我們相當善於為自己設定積極正面的目標。沒有達到應
   有的效果，問題出在執行達成目標必須做的事。我們知
   道應該做的事與我們後來做的決策，兩者之間的落差稱
   為行為落差。

2. 正向思考的力量傳達的訊息是，如果你想像自己成功就
   會成功。無論是明確表示還是合理推斷，此類訊息隱含
   一層意義 —— 失敗是想像失敗的結果。

3. 儘管設定積極目標很重要，但是光靠正向想像不會提供
   你一條通往成功的最佳路線。負面思考幫你找出可能妨
   礙的事，如此一來就能找出更有效率抵達終點的方法。

4. 思考事情可能哪裡出錯稱為心智對比。想像你希望完成
   什麼，以及完成的過程會遭遇的障礙。

5. 綜合心智對比和心智時光旅行，可以找出更多可能的障
   礙。想像自己未來沒能達成目標，然後回顧觀察導致結

果的原因。

6. 從一個想像的未來回頭看你走到未來的路線，稱為前瞻性後見之明。

7. 事前驗屍結合了前瞻性後見之明和心智對比，是將自己放在未來，想像自己沒能達成目標，進而思考事情進展不順利的可能原因。

8. 除了對個人有幫助，事前驗屍也可以幫助團隊儘量減少團體迷思，並引出更多元的意見，有最大的機會探取外部觀點。團隊成員在集體討論之前，若能各自進行事前驗屍，效果尤其好。

9. 向後預測是與事前驗屍同一組的技巧，從積極正面的未來往回推想，思考為什麼會成功。

10. 為了方便參考，可以將事前驗屍與向後預測的輸出結果，變成決策探查表，並納入對成功與失敗原因發生機會的評估。

11. 根據建立決策探查表的心得，第一個要問自己的是「應不應該調整目標或改變決策」。

12. 確定要堅持目標或決策後，可以建立預先承諾約定，給妨礙成功的行為提高阻礙，或降低阻礙以鼓勵促進成功的行為。

13. 可預先針對通往目標的過程遭遇挫敗的情況建立應對方

案。一般人在出現壞結果後會做出拙劣的決策,使負面結果更加惡化。情緒失控是壞結果之後常見的反應,管他的效應和沉沒成本謬誤也是情緒失控的例子。預先為自己的反應做計畫,才能建立預先承諾,設定改變方向的標準,並在挫敗之後減輕情緒反應。

14. 邪惡博士遊戲有助於找出可能破壞成功的行為,並加以解決。這個遊戲可讓人注意到,邪惡博士會透過多個一次還算合理、但長期下來並不合理的決策,控制你的心思而讓你失敗。

15. 邪惡博士遊戲可能促使你採取稱做類別決策的預先承諾,意即在面對落入該類別的決策時,預先決定哪些選項可以選擇、哪些不能選擇。

16. 還可以藉由避險措施應對可能的厄運,付出一點代價,降低發生不利事件的影響。

檢查清單

試著做到下列建議，為設定的目標或涉及未來執行的決策，提高成功的可能性：

☐ 進行事前驗屍：

    1. 找出達成目標或決策進行到最後的合理時間。

    2. 想像那段時間結束後的隔天，沒有達成目標或決策的發展不順利。

    3. 從未來的那個時間點回顧，找出失敗的原因，分成你能控制的能力和你無法控制的運氣。

☐ 進行向後預測，完成相同的練習，但想像達成目標或決策成功。

☐ 組合事前驗屍與向後預測的輸出結果，製成決策探查表，並納入每一項的發生機率評估。

☐ 根據事前驗屍與向後預測的結果，問問自己是否應該修正目標或改變決策。

☐ 判斷是否可建立預先承諾約定，減少壞決策的機會，並增加做出好決策的機會。

☐ 預先設想，萬一發生透過事前驗屍發現的失敗原因，該如何繼續。

☐ 進行邪惡博士遊戲，以判定未來是否會做出個別合理，但累積起來會導致失敗的決策，使目標無法達成。

☐ 考慮採用類別決策，降低做出邪惡博士決策的可能。

☐ 評估能做什麼避險措施，以防備厄運的影響。

專欄 ① **過度自信可能摧毀一顆星球**

熟悉《星際大戰》電影的人都同意，劇中角色達斯‧維達（Darth Vader）不是一般人希望遇到的上司。他的主要領導手段，就是以原力壓制不滿的員工，結束討論。

以此推論，你大概會認為他沒有興趣聽取反對意見，但令人意外的是，達斯‧維達是負面思考的支持者。

《星際大戰四部曲：曙光乍現》（*Star Wars: Episode IV – A New Hope*）電影中，反抗軍能成功，有部分在於偷到了死星（Death Star）的計畫藍圖，並發現用魚雷打到外部的一個小排氣孔，就能引發致命的連鎖反應。也在反抗軍攻擊死星之列的路克‧天行者（Luke Skywalker），利用原力精確挑選時機發射魚雷，打中排氣孔而摧毀死星。

如果銀河帝國（Galactic Empire）做過事前驗屍會如何呢？反抗軍仔細研究計畫藍圖找出弱點，帝國卻相信死星刀槍不入。

死星的指揮官告訴達斯‧維達：「無論反抗軍取得什麼技術資料，他們對太空站的任何攻擊都是無用的。這個太空站是宇宙的終極強權。」

面對典型的過度自信偏誤案例，達斯‧維達代表心智對比的聲音：「不要對你們建造的科技恐怖力量太過驕傲。摧毀一顆星

球的能力，在原力面前微不足道。」

　　當指揮官堅拒考慮事前驗屍的思維，維達用原力掐住他，直到他臉色發青。這不是職場中應該包容的管理風格，但至少維達確實深諳過度自信的問題，與進行事前驗屍的重要性。對銀河帝國來說，不幸的是，他的訊息成為耳邊風。

專欄 ② **有時保守是邪惡的壞選擇**

邪惡博士的心智控制裝置無所不在，甚至包括國家美式足球聯盟。大多數球隊都有絕佳的分析方法，評估冒險嘗試第 4 次進攻或踢球（棄踢或嘗試射門得分，依場上形勢而定）對贏球機率的影響。

數據顯示，通常冒險嘗試才是合理的，但美式足球聯盟的教練未必會遵照分析。如果不理會分析，他們幾乎都是用太過保守的打法踢球，而不是大膽嘗試進攻。

教練有責任掌握球隊當下的狀況，所以他們有聽起來合理的理由，解釋大膽嘗試為什麼比統計數據顯示的更有可能失敗，比如：氣勢不如設想，進攻後場的球員找不到縫隙，進攻線蹣跚無力。

注意，很少出現分析顯示踢球有利，教練卻選擇與分析數據相反的策略。這就能看出這是邪惡博士決策。如果教練在做第 4 次進攻的決策時，告訴你：「基於比賽場中的因素，所以否決分析結果。」這的確讓人難以辯駁。但是如果每到危急關頭，教練都傾向於保守的選擇，可以發現這屬於邪惡博士的傑作。

第 9 章

留意決策衛生，才能維持好品質

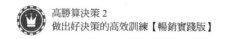

閱前測驗
一套洗手政策，死亡率從 16%降到 2%

匈牙利婦產科醫師伊格納茲・塞麥爾維斯（Dr. Ignaz Semmelweis），在他的第一份醫學工作期間，想弄清楚為什麼有那麼多新生兒的母親死於產褥期敗血症，又稱產褥熱。

當時，醫院的情況和現在相去甚遠，醫生穿的手術服覆蓋著昔日病人殘留的血跡，他們以此為傲，認為外科醫生的手術服是令人驚駭的履歷，栩栩如生的經驗展示。沒有人覺得醫學生處理屍體後，不洗手就到相鄰的房間幫忙接生有問題。

後來，塞麥爾維斯的同事在一次驗屍期間意外割傷，幾天後死於產褥熱，於是塞麥爾維斯假設，醫生與學生在接生前處理死屍弄髒雙手，才導致那麼多新生兒母親死亡。他制定了一套洗手的政策，於是產褥熱的死亡率從 16%降到 2%。

頗受矚目的動機性推理案例，卻被他的上級駁斥證據，認為這是在暗示他們骯髒的雙手要為病患的死亡負責，因此覺得受到羞辱。他的上級說：「醫生是紳士，紳士的雙手是乾淨的。」

他的工作沒了，也搞砸了後來的兩個工作機會，因為他引

入類似的政策，得到類似的結果。1986 年，他逝於一家公立精
神病院，得年 47 歲，可能死因是感染未得到治療，這彷彿是他
人生中最後的屈辱。

如今我們知道，伊格納茲・塞麥爾維斯提出的有關感染的
危險，以及透過接觸傳染的論點是正確的。

就如同屍體上的細菌可能汙染毒害健康的病人，信念與意
見也可能感染其他人，汙染你想得到的意見回饋。

醫生在每道處理步驟之間洗手，以降低死亡率，做決策
也是一樣，實行良好的決策衛生，可以遏止你的見解造成感染
散播。

 決策訓練 ··

接下來幾天進行以下的實驗：想出一件多數人都清楚的世
界大事，並詢問大家的意見。或許大家對這件事的意見議
論紛紛，也許是關係到新聞事件的發展、政治議題或候選
人，甚至是關於流行文化，比如近期的一部電影或一檔電
視節目。

1. 挑出你要詢問的話題。在詢問其他人意見之前，先寫下
   你對此事的意見。

---

2. 詢問意見時,在一半的人提出意見之前,先說出你的想法,這可能是你自然流露的行為。比方說,問人家對電影《阿甘正傳》(*Forrest Gump*)的看法,你可能說:「我認為它不應該得奧斯卡最佳影片獎,獲得歷久不衰的好評,還取得重要地位。你有什麼想法?」

至少問 3 個人並記下他們的意見。

包括你在內的這組人對此事的共識有多高?

共識非常低　　0　1　2　3　4　5　　共識非常高

3. 至於另外一半的人,問及他們的意見之前,先不說你的想法。如果你要問《阿甘正傳》,可以說:「你對《阿甘正傳》有什麼看法?」

至少問 3 個人並記下他們的意見。

包括你在內的這組人對此事的共識有多高?

共識非常低　　0　1　2　3　4　5　　共識非常高

4. 比較兩組的共識程度,是否有差別?勾選一個答案。

□第一組的共識較高

□第二組的共識較高

□兩組的共識程度一樣

5. 第二組有人在提出自己的答案前，先問你的意見嗎？換
句話說，有人在給出自己的答案之前，問：「你有什麼
想法？」勾選一個答案。　　　　　　　□有　□無

人們會無意間避免分歧

大多數人會發現第一組（你先提出自己的意見）共識比第
二組高。此外，第二組至少會有一人在說出自己的想法之前，
先問你的看法。

這證明見解會傳染。

在窺探我們不知道的世界時（包括存在別人腦中的事
物），喜歡窺見與自己一致的部分。探問別人的建議時，先提
出自己的意見，會大幅增加他人表達與你相同見解的可能。也
就是為什麼第二組的人在給出答案前，先問你看法的原因，這
樣他們就能避免在無意間和你有分歧。

意見不同的感受並不好，而共識的感覺很好。

希望大家同意某人說法的渴望非常強烈，甚至可能讓人贊同一個客觀上明顯不正確的看法。

20 世紀最有影響力的心理學家所羅門·阿希（Solomon Asch），進行了一系列的經典實驗。先請人找出圖表 9-1 B 圖中哪一條線的長度與 A 圖相同。

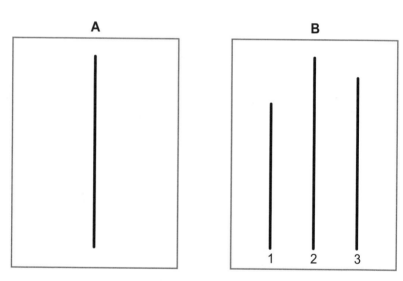

圖表 9-1　感知測試

這無疑是感知測試，要求別人告訴你，他們的眼睛看到什麼。當你在不是團體的情境下詢問，超過 99％ 的人會說：「B 圖中間那條線的長度與 A 圖的線條相同。」

但如果是在團體的情境中有人問你的意見，卻有一堆人在你回答之前說出相同的錯誤答案，那會怎麼樣？比方說，在你說出答案之前，好幾個人回答最右邊那條線的長度與 A 圖相同。

這正是所羅門·阿希想知道的。在他的實驗中，第一個說出答案的人是「誘餌」，阿希事先告知他們要重複相同的錯誤答案。聽到這些人給出明顯錯誤的相同答案，真正的受試者有 36.8％會贊同集體的看法。

兩條客觀看來長度明顯不同的事，就有如此顯著的影響，那對於較為主觀的事情，會有多大的影響呢？舉例來說，一名求職者的文化適應程度。

這顯示在誘導其他人說出意見時，必須非常小心自己見解的傳播感染。他們告訴你的資訊，也許並非真正存在他們腦中。改善決策的最佳工具，就是獲取他人的觀點。**但只有取得他人真正的觀點，而不是重複你的觀點，才有可能改善。**

49 分歧有助改善決策品質

想像你可以將存在於別人腦中的事實和意見繪製成地圖，並與自己的地圖對比，你會發現有重疊的部分，也有分歧背離的地方。如果你從這本書學到你和世界自然互動的方式，你會更有可能看到地圖重疊的地方，並注意到與你一致的事物，還會積極找出來。

刺激有趣的事情，發生在地圖上分歧背離的地方，你會在那裡發現糾正資訊和你不知道的事物，探索分歧能讓你更接近客觀真實。

在地圖分歧與你和別人意見南轅北轍的地方，或許有 3 件事是對的，且全都有益於改善決策品質：

1. **客觀事實存在於兩種見解之間**。當兩個人同樣見多識廣，卻抱持完全相反的意見，真相極有可能存在兩者之間。如果是這樣，就能清楚看出為什麼兩個人都能因發現分歧而獲益，兩人都獲得機會調整見解更接近客觀真相。

2. **可能你是錯的，而另一個人是對的**。如果你抱持不正確的見解，受到此見解影響的決策，品質會很糟糕。理性

的人會欣然接受機會改變不正確的見解，但一般人樂意發現自己錯誤的程度，差不多就像那些願意聽到塞麥爾維斯說，不洗手害死病人的醫生一樣。儘管發現深信不疑的事情並不正確會令人痛苦，但是有機會改變見解，將提升未來每一個受見解影響的決策品質。如同一場公平交易，用一點點痛苦，換取餘生更高品質的決策。

3. **可能你是對的，而另一個人是錯的**。如果是這種情況，你可能以為只有錯的人，才可因有機會翻轉不正確的見解而獲益，因為你的見解正確，而且將維持不變。但其實，你也從交流中獲益，因為解釋自己的見解並傳達給別人，將增加你對自己見解的理解。愈是了解你為什麼相信自己做的事，見解的品質就愈高。

決策訓練

在雞尾酒會上閒聊時，遇到有人相信地球是平的。顯然你會說：「不對，地球是圓的。」

「不，」他們說：「我以前跟所有人一樣假設地球是圓的，但我按科學方法研究過。」他們繼續提出最佳論據，說明地球為什麼是平的，或為什麼沒有充足的證據證明地球是圓的。

1. 不在網路上查詢，用你的直覺反應，寫下「地球為什麼是圓的」科學論據。記住，父母常用藉口，如：「因為我說了算」或大致帶過的說法，如：「因為所有科學家都這樣說」不在選項之列。「因為我看過照片」也不算入選項，除非你可以解釋怎麼判斷照片是否有經過竄改。

_____

_____

_____

2. 以 0 到 5 評分，中立的第三方會如何評價你的反駁論點？

| 極糟 | 0 | 1 | 2 | 3 | 4 | 5 | 絕佳 |

3. 多數人當下提出的論據不會太有力。現在利用查詢機會，找出解釋地球是圓的前 3 個科學推論，並在下方概括總結。

_____

_____

_____

4. 做過研究調查後，你認為自己更了解為什麼你知道地球是圓的了嗎？勾選一個答案。　　　□是　□否

分歧才能有機會得到不同見解

除非你對地球為什麼是圓的有超乎常人的知識，否則被要求對抱持另一種看法的人解釋見解，會提升這個見解的品質，會將見解領域從「人人都知道的事」，跨越到「這是我理解的事」。

當你抱持一個客觀正確的見解，卻發現有人看法不同，這就給你機會更清楚了解自己的見解。正如英國經驗主義哲學家約翰‧彌爾（John Stuart Mill）所說：「只知道自己這一方的人，其實所知不多。」

當然，調整、改變或更了解自己見解的機會，取決於能否探取別人的知識地圖，並看出他們和你的地圖哪裡有分歧。人沒有讀心術，想知道別人的心思，主要的辦法就是讓他們告訴你。但如果在別人說出見解之前，你用自己的見解汙染他們，就得不到他們獨有的知識。你得到的知識，與你的地圖重疊之處會比實際情況多。

這也是所羅門‧阿希實驗的警世故事。

50 別讓你的意見受到回饋干擾

你必須仰賴別人告訴你他們的想法。如果先將自己的意見告訴他們，他們就會成為不可靠的敘述者。

因為聽取別人的想法之前先說出自己的想法，可能導致別人的意見不自覺偏向你的意見。換句話說，他們的意見可能會改變。他們原先信以為真的事情，可能在聽到你相信什麼後，見解逐漸偏向你。如果他們不知道你的想法，你聽到的意見就比較可能是他們一開始就有的想法。

即使他們聽到你的見解後完全沒有改變，還是可能不會告訴你他們的真正意見。或許是因為他們認為你是錯的，又不想讓你難堪。也許他們可能以為他們是錯的，不想讓自己尷尬。又或者他們可能只是不想成為「會吵的小孩」引起注意。所羅門‧阿希實驗的情況就是如此，不太可能有人真的改變對線條長度的看法，**只是不願意明白表達自己的不同意見。**

你有沒有過和一群人在一起，有人說的事情錯得太離譜而令你震驚，但你卻閉口不言？無論那是因為你不想引起摩擦，不想表現不禮貌，也不想與人爭論，讓對方和自己尷尬，你都沒有告訴對方自己的想法。這不就是所有人在感恩節家族聚餐

時最害怕的惡夢，而且偶爾會成真？

解決辦法和第一道問題一樣，在查明他們的想法前，不要讓他們知道你的想法。

在一對一引出意見回饋的情況下，就是這麼簡單。否則，你就會像醫生穿著包覆病菌的手術服，上場進行手術。

在我做為撲克牌選手時，常常徵詢其他選手：「對我打一手棘手的牌有什麼建議。」徵求他們的意見回饋時，我會告訴他們需要知道的事實，以便給我有益的意見回饋，像是出牌下注的順序、每個選手面前有多少籌碼，以及其他選手是玩了很多局還是很少局。

高勝算決策

別人想知道他們是否與你意見不同，唯一的辦法就是先知道你的想法。當你要探問意見回饋，保密自己的想法，才更有可能讓他們說出真正的想法。

我會避免告訴他們我到底選擇怎麼打這一手牌，因為這攸關我的看法，也是我徵詢建議時想要的意見。我知道如果告訴他們我怎麼做，得到的意見回饋品質就會降低。

描述手上的牌時，我可能會說：「我前面的選手加碼下

注，而我有最小的點數和皇后。」而不是說：「我也跟著加碼。你認為呢？」我會說：「你認為我應該怎麼做？」以免我真正選擇的打法影響他們。

徵詢他人意見時，最好保密結果

一場大規模的招聘流程結束，你從 3 名最終人選中，選出 1 名提出工作機會，但是不到 1 年，那名員工就被解僱。你試著徵詢建議，了解自己是否做出優質的聘用決策。

不管你想要什麼樣的建議，肯定不想告訴徵詢的對象結果如何（你解僱那名員工），可能也不想告訴他們，你決定聘用的是哪一位。

就像讓人知道你的意見，可能影響對方的意見回饋，要是告訴他們結果如何，也可能影響他們的意見回饋。

如果不知道結果，就不會有結果論。如果不知道結果，就不會屈服於後見之明偏誤。

瞞下決策的結果可能比想像中更難，因為直覺讓我們認為，決策的結果如何是需要讓人知道的重大資訊。如果樣本規模夠大，的確如此，但如果問的是有特定結果的某項決策，那就不是。

　　知道結果可能破壞得到的意見回饋，正如你所知，結果會給人的能力蒙上陰影，看不清楚之前決策的品質，因此應該儘量保密結果。

　　很多時候你拿過去的某件事徵求建議，而這件事的結果超過一種，好的做法是疊加意見回饋，依序詢問對方的意見，在說出每種結果前停止敘述。

　　以招聘的例子來說，一開始先告訴別人你想補缺的職位，並詢問他們認為工作職責說明的關鍵要素有什麼，以及適當的薪資範圍。得到意見回饋後，可以告訴他們實際的工作職責說明和薪資範圍。再繼續問是否應該內部進行招聘流程，還是聘請外部承包商。先取得他人的意見，再告訴他們你選擇的方法，之後，可以給他們最終人選的相關資訊，並詢問他們會選哪一位最終人選。

　　將給你意見回饋的人隔離在結果和見解之外，能使他們進入更接近你做決策時的知識狀態。這是利用本書的決策工具留下紀錄的一種方法，有助於稍後尋求決策相關的意見回饋。像是決策樹、認知追蹤，或決策探查表等工具，將決策當下的知識狀態留下紀錄，稍後徵求別人的意見回饋時，更容易傳達相關資訊。

> **高勝算決策**
>
> 要取得高品質的意見回饋，要讓對方儘量接近你決策當下的
> 知識狀態。

提問時，可能透露自己的見解

有時候徵求其他人的意見回饋時，**你提問的方式也透露出你的見解。**

有天，我的一個孩子回家，抱怨起一個名叫凱文（Kevin）的朋友。孩子對我說：「凱文是個徹頭徹尾的混蛋，我所有的朋友都同意。」

我聽到他們毫無異議一致認同凱文是混蛋，立刻就說：「你在問他們對凱文的想法時，你的說法是『你認為凱文怎麼樣？』還是『你不覺得凱文是個徹頭徹尾的混蛋嗎？』」當然是後者。

設計問題時要謹慎小心，因為你選擇的框架可能有所暗示，你詢問意見回饋的問題，可能暗示著正面或負面的看法，因此盡可能保持中立的框架。

高勝算決策

框架效應（framing effect）：一種認知偏誤，資訊呈現的方式
會影響聽者對資訊的決斷。

　　「意見不合」這種說法有非常負面的含意。如果說某人
「不合意」，並不是在說他們的好話。你可能有注意到，我
一直使用「分歧」這個詞，而不是用「意見不合」，這是刻意
的。「分歧」的含意比較中性，使用意見「分歧」或「分散」
而不是「意見不合」，是以較中性的方式講述大家意見不同的
地方，讓你更能充分理解接納意見的不一致。

51 如何在團體中找出有用回饋？

一對一談話時的傳染問題有個簡單的解決辦法 ── 不管你想引導出什麼樣的意見回饋，都不要先散播你的意見。但是這個解決辦法在團體的環境中，卻無法順利擴大施行。團體討論時，可以對所有人隱瞞你的意見，但是等第一個人說出自己的意見，其他人就會受影響。

直覺告訴我們，遇到決策時，人多勝過一個人。問出更多意見，就能獲得更多外部觀點，獲得更多樣的角度、更廣泛的見解，那些將改善決策品質。

然而，我們也知道，在團體背景下的決策，品質通常不會更好，只因為流程中有更多人參與，所以對決策的信心隨之增加。這是不好的組合，對一個未必更好的決策反倒更有信心。

所以說，見解的傳染蔓延特別會在團體中造成問題。

研究顯示在團體環境中，即使個別成員擁有的資訊有別於團體的共識意見，通常也不會說出來。

美國邁阿密大學（University of Miami）的蓋洛德・史塔瑟（Garold Stasser）與歐石楠崖學院（Briar Cliff College）的威廉・泰特斯（William Titus）進行一場別出心裁的實驗。4 人

一組的各個小組必須決定，3 個候選人中哪一個最適合擔任學生會主席。研究人員建立的檔案，包括每位候選人的正面與負面特質。根據所有資訊，設定 A 候選人為最看好的人選。小組的每個成員都預先檢視過檔案，找出個人的偏好，然後召開會議，以小組為單位選出偏好的人選。

一部分的小組（姑且稱他們為「完整資訊小組」），每個成員會拿到完整的檔案，包括所有能找到的每位候選人資訊。果然如預期，A 候選人是大部分成員的個人偏好，也是小組偏好的候選人。

至於其他小組（姑且稱他們為「資訊不完全小組」），每位成員拿到的檔案是不完整的。所有檔案都包含每位候選人的基本資訊，但其餘資訊則分散到各成員手上。依據檔案中正面與負面資訊的分布情況，資訊不完全小組的大部分成員，並未將 A 候選人當成會議前的偏好選擇（實驗中，每個人都被提醒過，他們拿到的檔案可能不完整，以及同儕可能有他們不知道的資訊）。

這裡有個微妙的關鍵：如果資訊不完全小組的成員在團體討論中分享自己知道的資訊，他們擁有的資訊就跟完整資訊小組完全相同，想必也會選擇 A 候選人。問題是，他們真的會分享資訊嗎？

資訊不完全小組根據會議前的偏好很快形成共識，一旦共

識形成，擁有相異資訊（對共識選出的候選人不利，或對非偏好候選人有利）的成員就不太可能會分享。不同於完整資訊小組，A 候選人是他們的強烈優先選項，資訊不完全小組幾乎都是選其他候選人。

換句話說，雖然資訊不完全小組擁有所有資訊，可判斷 A 候選人是最好的人選，但他們沒有分享資訊，所以通常選出不那麼適合的人選。

研究顯示，存在眾人腦中的資訊未必會和團體分享，尤其是共識形成後。

當然，**如果你希望有機會獲取團隊成員提供的不同觀點，就得真正聽見那些觀點。**

分別徵詢意見，更能得到好回饋

通常只要團體中有第一個人開口，隔離封鎖計畫就被破壞了。如何將隔離見解與結果的解決辦法擴大施行？

在團體環境中，可以分別引出每個成員的初始意見和理論，接著在團體聚會前與團隊成員分享，有助於減輕資訊不完整的問題，因為每個成員都接觸到未分享的資訊和其他人的看法。

　　招聘委員會成員面試過最終人選，在進行團體討論之前，請每個人將他們看好哪個應徵者的意見連同依據用電子郵件寄出。將意見回饋彙整，並在團隊討論之前與小組分享。

　　投資委員會正在決定是否進行某一項投資。分別取得意見回饋，並在開會前與小組分享。

　　法律團隊有客戶問起對官司和解的建議。和其他人討論之前，請團隊的每個人提出意見，包括和解的合理金額與上下限，以及對方在這個範圍接受和解的可能性，還有他們的基本需求。將這些用電子郵件寄出後加以彙整，並在團隊開會討論之前與小組分享。

　　研究發現，一般人在獨立於眾人之外，私下提出的意見回饋，比在團體時更能準確反映他們的知識和偏好。哈佛甘迺迪學院的丹・李維（Dan Levy）、約書亞・雅德利（Joshua Yardley）和理查・澤克豪瑟（Richard Zeckhauser）發現，歷史悠久的課堂團體意見回饋制度，如：請學生舉手，會導致跟隨大眾的羊群效應（herd effect），只要學生一看到共識成形，就會舉手加入共識意見，建立絕對多數。

　　反之，當學生看不到其他人的回答，以電子按鍵這類工具回饋，公開舉手所形成的絕對多數就會瓦解。分別向學生徵詢意見，提供指導教師更清楚地看出學生真正的知識與偏好。

　　這是分別引出初始意見回饋與想法（透過電子郵件或其

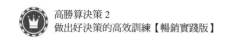

工具）的效果，降低意見重疊的人為表象，更清楚顯露見解的分歧。

探問意見回饋的流程，應該有一個指定大家發表意見的具體形式。本書的許多決策工具，可供團隊成員提供意見回饋，如：預測具體的事件或結果、決策樹、列入考慮選項、回報、反事實、觀點追蹤、決策探查表的輸出結果、邪惡博士遊戲、尤利西斯合約或避險措施等，還可以用是非題或評分量表徵求意見回饋。

明確指出你要尋求的意見回饋類型，讓群體可以對意見回饋與想法，做如同蘋果對蘋果的同類別比較，並找出哪裡存在分歧。

匿名杜絕意見的傳染力

有些意見比其他意見更有傳染力，有些人更有可能讓別人偏向自己，導致其他人壓抑相異的觀點。團體中最具傳染力的見解，來自地位較高的人，而地位可能源自領導職位、經驗、專業能力、說服能力、人格魅力、外向性格，甚至只是因為口才辨給或能言善道。

理想的情況是，探問團體成員的意見回饋時，一個客觀合

理的想法，不會因為是來自執行長還是實習生，而變得更合理
或比較不合理。但在現實情況中，來自地位較低者的想法，並
不會獲得同等的考量。

有辦法可繞過地位傳染問題。第一輪意見回饋匿名處理，
隔絕團體成員與消息來源，確保地位較低者的意見回饋，獲得
比一般情況更多的重視。

專家和權威會導致月暈效應

此刻你或許會想：「根據消息的來源，某些意見回饋更重
要，難道不合理嗎？如果要獲取有關相對論的意見，正好愛因
斯坦在場，他說的難道不比剛招聘來的實習生更重要嗎？」

是的，如果愛因斯坦也在團體之中，團體討論物理學的時
候，他的意見是應該遠比其他人有分量。因此，意見不能、也
不應該永遠都匿名處理。

即使如此，在第一道關卡時，保持匿名有很多好處。

首先，一般人很難公開表示不同意專業能力更好、地位更
高的團隊成員，無論那人是愛因斯坦還是執行長，再加上月暈
效應（halo effect），情況又更糟。月暈效應指卓有成就的人對
各種議題發表的意見，即便是他們沒有該領域的專業知識，旁

人也容易賦予更大的分量。

沒有人想出頭反駁愛因斯坦的意見，不管是關於相對論，還是其他領域的見解。

其次，儘管專業知識提供各種價值，領域專家並非完全不受偏誤影響。就像菲利普・泰特洛克所證明的，領域專家很容易深陷在自己的世界觀之中，反而更難爬出深溝，跳脫自己堅定的世界模型，用不同的觀點看事情。

> **高勝算決策**
>
> 月暈效應：一種認知偏誤，某人在某個領域的積極正面印象，導致你對那個人在其他不相關的領域也有積極正面的看法。

這是在第一輪意見回饋中匿名處理的重大優點。成員自然是以不同的觀點看事情，因為團體中的成員不知道那些觀點的來源，所以看法更有可能真正獲得考慮，大家不會知道該漠視或吹捧誰的意見。

團體中地位較低的成員，或許有不同但珍貴的觀點，有時候，因為他們沒有固守現狀，所以能看到其他人沒看到的創新解決辦法。

縱觀歷史，每一代人都提供不同的觀察，促成創新跳躍和

典範轉移。先以匿名處理意見回饋，打破傳統的觀點就有呼吸的機會。

提問可以暴露所知和不知

　　當然，團體中經驗最少的成員，不見得都是未來的天才，他們此後的貢獻未必都是開創構想，能推動團體邁向成功的高峰。通常他們的觀點只是反映理解不足。

　　良好的團體流程帶來的意見回饋，就包括給人空間表達理解不足。整個團體會從中獲益，因為專家因此有機會更清楚了解別人為什麼相信自己的見解，也給專家將知識傳達給其他成員的機會，有時候也讓他們有修補信念見解中不準確的機會。

　　這種經歷就像家長遇到孩子要他們解釋某件事，孩子會問：「可是為什麼？」

　　「媽媽，天空為什麼是藍的？」

　　你洋洋得意地賣弄有關光折射的知識，回答 5 歲的孩子：「天空其實有彩虹的所有顏色，但是地球周圍的大氣層，讓人的眼睛只看到藍色。」

　　但是 5 歲孩子接著追問：「可是為什麼地球周圍的大氣層讓我們只看到藍色？」

於是你又得回答這個問題。問題一個接一個，直到碰觸到你的知識極限，這時交流通常止於你說：「因為我說得算」、「現在不是該看《愛探險的朵拉》（*Dora the Explorer*）了嗎？」或「想吃冰淇淋嗎？」

如同孩子暴露出你的所知與不知，所有團體都能從被問「可是為什麼」當中獲益。

團體決策不花太多時間的方法

你這時候可能會想：「如果團體共同做的每個決策都這樣進行，大概一個月做不了多少決策。」

在團體討論前分別徵詢意見回饋，並以匿名形式分派以供檢閱，此種決策流程顯然需要額外花時間，但是依然適用時間或準確度的取捨。對於影響較低、更容易逆轉的決策，透過應急版探問意見回饋流程，依然可以不花太多時間遏制傳染。

在團體的環境中考慮一項決策時，每個成員可以在紙上寫下自己的意見和理論依據，將紙條交給一個人，由這個人在會議前朗誦或寫在白板上。這樣不會花太多時間，也讓所有人在聽到其他人的想法之前，有機會表達最初始的立場。

如果想節省更多時間，可以讓每個人寫下意見和理論依

據，接著自己朗誦，但是這就有必要從團體中地位最低的人開始，他們的意見是最沒有傳染力的，也最有可能被地位較高者感染，讓團體失去聽到他們真正觀點的機會。

52 如何避免「垃圾進，垃圾出」？

如果沒有相關重要資訊，可讓人提供高品質的意見回饋，即使隔離全世界也對決策沒有幫助，別人的意見回饋頂多是像輸入的訊息。換句話說，垃圾進，垃圾出，不管有沒有隔離。

你針對一個求職者請教別人的意見，但沒有提到那名應徵者被判決盜用前雇主財務，有可能得到優質的意見回饋嗎？

你在一起訴訟代表原告，並在開庭前夕決定是否和解，倘若你向經驗豐富的辯護律師徵詢建議，卻沒有告知不久前案子重新指派給一個立場偏向被告的法官，那取得建議有什麼意義？

當然不太可能有人遺漏明顯的重大細節，但是若不加留意，向其他人徵詢意見時，我們編造的敘事會以五花八門的方式，或多或少地傾向於凸顯、淡化與省略的一些資訊，無形中引導對方同意我們得到的結論。

通常不是為了欺騙其他人，而是欺騙你自己。編造敘事，才更有可能聽到他們的地圖與你重疊的部分，而不是分歧的部分，結果降低得到的意見回饋品質。

突破決策流程的關鍵瓶頸

決策流程有一個關鍵瓶頸，你獲得的意見回饋，品質受限於輸入的資訊品質。我們的敘事自然會存在內部觀點，偏向支持自己的世界觀。從邏輯上來說，解決這個問題的方法就是取得外部觀點，**讓自己設身處地站在給予意見者的立場，而不是尋求意見者的立場。**

要取得外部觀點，可以問自己：「如果有人問我關於這種決策的意見，需要知道哪些事，才可以給他們高品質的意見回饋？」針對那些細節列出檢查清單，然後提供給你要徵求意見的對象。

任何決策都可以這樣做，特別是重複決定效果顯著，因為在面對這種決策之前就可以預做準備。在決策進行當中，你大概對偏好的選項已經有了判斷，這時，偏好會扭曲你對需要掌握哪些資訊的看法。藉由預先建立這份檢查清單，就不會受到已經形成判斷的決策具體細節影響，而更容易客觀並取得外部觀點。

不同決策的檢查清單各有差別

不同決策的相關重要資訊檢查清單會有差別，但是焦點一樣都集中在合適的目標、價值和資源，還有形勢處境的細節。你希望提供對方需要知道的消息，好給出有價值的意見回饋，僅此而已。

最重要的是，**你必須清楚傳達你想要完成的是什麼**。每個人的目標與價值都不同，而這些很重要。某選項適合別人，未必適合你。

假設你要徵詢度假地的建議，詢問的對象應該要知道你的目標、偏好和限制。如果你說，你想去一個 2 月時晴朗暖和且歷史悠久的地方，卻沒有告訴他們假期只有 3 天，他們可能會因為他們在澳洲待過兩週，感覺很美好，而給出建議。

我在打撲克牌時，總是會找其他選手詢問出牌的意見。因為知道會重複做同樣的事，所以希望有一份滿意的資訊檢查清單可以提供給人，我問自己：「如果有人來問我有關牌的意見，我需要知道哪些事情，才能給他們好建議？」包括下注順序和其他選手面前有多少籌碼等。我給自己做了一份含這些細節的檢查清單，並儘量確保每次徵詢別人建議時，檢查清單上涵蓋一切細節。

高勝算決策

不完全的資訊並不會讓你得到「一部分有用」的意見回饋。

決定用人時，最重要的是納入你的目標、價值觀和資源。你的目的是找有經驗的人，幫忙訓練未來的新聘人員？你重視性情開朗樂觀？應徵者的相關重要事實，需要包括履歷、推薦人的話和面試的內容。

做出檢查清單後，就要對提供給徵詢對象的這些資訊負責。這會減少你遷就已經形成的判斷，繼而編造敘事的機率，並提高得到的意見回饋品質。

給團隊建立檢查清單，可以採用在團體環境中探問意見回饋的流程。請團隊成員分別回答這個問題：「如果有人就這個類別的決策問我的意見，我需要知道什麼？」將答案彙整起來，匿名發給小組成員，再進行集體討論。得到的成果就是一份資訊總檢查清單，提供給被徵詢意見回饋的團隊成員。

小組成員應該彼此為這份檢查清單負責。任何詢問意見回饋的人，都有責任提供檢查清單上的資訊，而被徵詢的人也都必須要求檢查清單上的所有資訊。

決策訓練

給工作或私生活中重複進行的決策建立一份需要分享的資訊檢查清單。可以自己進行，也可以當成團體練習。

1. 寫下重複出現的個人或專業決策。

_____

_____

_____

_____

2. 如果有人找你詢問該類決策的意見，你需要知道哪些事情，才能給出高品質意見回饋？

針對最佳行動方針提出高品質的意見，需要哪些資訊，在下方提供一份詳盡的清單。先從列出目標、重視的部分與資源開始。

_____

_____

_____

_____

資訊不足時，必須拒絕提供意見

　　無論是在團體之中，或只是兩個人彼此徵求建議，重要的是一致贊同，參與意見回饋流程的每個人都要對檢查清單負責。

　　沒有一致贊同對彼此負責，相對於敘事者的人通常會以為，加以強調的細節必定特別重要。如果降低細節的重要性或省略細節，那是因為對決策不重要。

　　通常細節有遺漏時，一般人還是會提出他們的建議。也許是因為一般人認為，別人來徵求意見卻說「我幫不了你」太粗魯無禮。或是因為我們十分自信自己的意見很有參考價值，就算沒有全部的事實，也可以給出高品質的建議。

　　對檢查清單負起責任，意味著如果有人無法提供高品質意見回饋所需的資訊，你應該拒絕給意見，這並不是刻薄小氣，反而是善意體貼。

　　我在教打撲克牌時，學生有時會來找我，描述他們打的牌，但他們想不起檢查清單上的一些事實。例如：學生可能問我是否應該在一把牌的最後一張牌跟注，但他們不記得那一局的賭金總額是多少。倘若如此，我會拒絕告訴他們是否應該跟注，因為如果不知道賭金總額，我的意見就沒有價值，提供的意見都是毫無意義的胡說八道。

　　我不願意提供他們沒有價值、甚至有誤導可能的意見回

饋，這對學生的未來會有許多好處。他們會開始注意賭金總額，可以確定他們下次拿牌局問我，就會知道這一點，因為他們清楚如果想要我的意見，就得告訴我賭金總額。這顯然是他們過去不會多關注的細節（有可能他們一開始就知道），如果我沒有制止而任由他們遺漏，他們就會繼續忽視這個細節。

更重要的是，我的拒絕替他們創造機會，了解為什麼知道賭金總額很重要。未來打牌時，無論是否詢問意見回饋，他們都會注意這個細節，並納入打牌當下的決策考量。

堅持檢查清單的好處會累積增加，不管是關於撲克牌比賽的賭金總額、足球比賽第 4 節末還剩下多少次暫停，還是招募新員工時文化契合度的重要性，或是法官偏向被告對你的訴訟有多少影響，又或是考慮買進一家新電動車公司的股票時，管理深度的重要性。

有一份恰當的檢查清單，可幫你對抗有偏誤的敘事，並在未來做決策時，提供處理資訊的架構。

53 決策就像投資組合，有輸有贏

你的一生會做成千上萬的決策，有的成功，有的不成功。良好決策的目標，不可能是每一個決策都進展順利，因為運氣和資訊不完整的干擾，這是不可能實現的。

你做的決策就像投資組合，即使投資組合的個別決策可能有輸有贏，但目標是確保整體投資組合推動你朝目標前進。

可以想像成炒房客，他們的目標是所有炒作買賣的房屋都賺錢，但是他們翻新的房屋可能賺錢，也有賠錢的可能。他們無法預先知道投資組合中的哪一棟房屋最後會賠錢。如果可以預知，他們顯然只會投資賺錢的房地產。

決策也是一樣的道理。你一生所有的決策組合就是為了朝向目標前進，而不是遠離目標。但是就像炒房客，任何一個決定都有最後不成功的可能。欣然接受這一點，是成為優秀決策者的必要條件。

如果你在進行決策時想著：「應該多少能保證事情順利進行。」那將難以敞開心胸，去經歷你所不知道的世界，反而會始終以防備的蹲伏姿勢走過，不斷抵擋自己做出壞決策或見解不正確的可能。防衛的蹲伏姿勢，最終會令人非常不舒服。

　　若你面對不好的結果，應對態度是揮走做出壞決策或見解不正確的可能，感覺就好像是在憐惜自己，因為以這種方式處理結果，會讓你當下的感覺比較好，就像在事情順利時自然而然地居功。但如果你只是尋求肯定，確認你的決策品質良好、你相信的事情是真的，就別指望成為一個有效的學習者，你改善決策品質的能力會被削弱。

　　未來的你仰賴你做出優質決策，並持續改進。真正的自我憐惜，是不讓未來的你失望。

54 摘要：
留意決策衛生，才能維持好品質

這些練習是為了讓你思考以下的概念：

1. 提升見解品質的最佳方法，就是獲取他人的觀點。當他們的見解和你有分歧，你將因為接觸到糾正資訊和原本不知道的事物，得以改善決策。

2. 見解會傳染。在別人給出意見之前，先說出你的見解，會大幅增加他們也對你表達相同見解的可能。

3. 實施決策衛生學，以遏止見解的感染。

4. 別人要知道他們與你意見不一致，唯一的方法就是事先知道你的意見。因此探問意見回饋時，別讓人知道你的意見。

5. 你選擇的框架可能有所暗示，對於想要取得意見回饋的主題，你抱持著正面還是負面的看法。因此盡可能維持中立。

6. 「意見不合」一詞有非常負面的含意。用意見「分歧」或「分散」而不是「意見不合」，是以比較中立的方式

談論眾人意見相異之處。

7. 結果也可能感染，影響意見回饋的品質。探問別人的意見回饋時，可將他們與事情的發展結果隔離。

8. 拿過去的事件徵詢意見時，若事件有好幾個結果，可疊加意見回饋。

9. 不管是什麼樣的意見回饋，儘量讓對方貼近你做決策時的消息掌握狀態。

10. 如果能夠探取團體的不同觀點，在團體環境中，也有機會可改善決策品質。不過，通常會因為團體迅速朝共識凝聚，阻礙了成員分享有別於共識的資訊或意見。

11. 若實施團體決策衛生學，在與團體分享前，先分別徵集初始意見和理論依據，更有可能徹底發揮決策潛力。

12. 月暈效應使團體中地位高的成員特別有感染影響力。

13. 在第一道關卡先以匿名處理意見回饋，讓人可以更深入思考意見本身，而不是根據發表見解的個人地位高低。

14. 對於影響較低、較容易逆轉的決策，團體還是可以透過應急版本的流程遏制傳染。在討論之前，讓團體成員寫下他們的意見，由其中一人朗讀或寫在白板上，或由成員依照資歷，從低至高讀出自己的意見。

15. 意見回饋的品質受限於探問流程的輸入資訊品質。我們通常會編造一套敘事，凸顯、淡化，甚至省略資訊，在

無意中讓別人做出我們想要的結論。

16. 提供給出優質意見時，需要知道的資訊。

17. 想獲取外部觀點可問自己：「如果有人找我詢問有關這種決策的意見，我需要知道什麼，才能給出好建議？」

18. 為重複決策的相關重要細節建立一份檢查清單，並在進入決策前完成檢查清單。清單的焦點應該集中在合適的目標、價值觀、資源，還有形勢處境等細節。

19. 團體的成員彼此都應該對這份檢查清單負責。如果有人探問意見回饋，卻不能提供檢查清單上的細節，應該有不給予意見回饋的共識。

檢查清單

當你尋求他人的意見回饋，要以下列方式實施良好的決策衛生：

☐ 徵詢意見回饋時，要分隔其他人與你的意見和見解。

☐ 以中立的方式設計和表達你的意見回饋要求，以免洩露你的結論。

☐ 詢問他人有關過去的決策時，要封鎖隔離結果。

☐ 如果詢問的意見回饋牽涉到多個結果，可疊加意見回饋。

☐ 說明你要求的輸出結果形式。

☐ 進入決策之前，針對提供意見回饋所需的事實和相關資訊，建立一份檢查清單。

☐ 尋求和給予意見回饋的雙方，都同意對所有相關資訊負責，可要求任何沒有提供的消息。如果要求意見回饋的人不能提供相關資訊，被徵詢者應拒絕給予意見回饋。

如果是在團體環境中，則要執行額外的決策衛生保健法：

☐ 團體討論或成員彼此表達看法前，分別徵求意見回饋。

☐ 團體集會或討論之前，匿名處理看法的來源，並彙整後分給團體成員檢視。

謝詞

　　如果沒有遇到許多難得的好人，就不會有這本書。他們提供思想上的合作，為我過去和現在的作品提出犀利的評論，還做我的啦啦隊，在我茫然不知如何完成這本書時給我支持。

　　謝謝我的著作出版經紀人吉姆·萊文（Jim Levine），他是我的啦啦隊長，在我針對這個領域寫出第一本書之前就對我充滿信心，並堅持出版第二本書。他提供睿智的建議、令人安心的支持與驚人的宣傳曝光。感謝你，吉姆，以及萊文·格林伯格·羅斯坦文學機構（Levine Greenberg Rostan Literary Agency）的所有人。

　　尼基·帕帕多普洛斯（Niki Papadopoulos）除了是全世界最好的編輯外，更重要的是，她還是一位了不起的益友，她對本書的貢獻值得這些讚譽。原本構想本書的路線為《高勝算決策》的練習冊，她看出本書的路線並非僅是如此，而是可以獨立存在的一本書。這給了我空間去探索很多新領域，並深入探索原本不會深入的主題。此外，她對初稿內容提出坦誠直率的批評，大幅改變本書的軌跡。

她也願意放手給我空間，找出自己的方式完成這本書，結果花了兩倍的時間，最後的篇幅更是原本計畫的兩倍。我永遠記得，在為進度時程感到煩躁時，她悲憫地說：「我相信書得耗上它該花費的時間才能寫完。」謝謝妳，尼基。

感謝「選輯」（Portfolio）與企鵝藍燈書屋（Penguin Random House）大家族的所有人，特別要提及的是尼基的編輯助理金柏莉・美倫（Kimberly Meilum），協調版面設計並負責確保我趕上截稿時間。感謝傑米・雷許（Jamie Lescht）協調配合行銷。感謝亞德里安・柴克漢（Adrian Zackheim）對我的著作有信心，並感謝他領導著一家了不起的公司。

我深深感激邁可・克雷格（Michael Craig），他對這本書的創作有不可或缺的幫助，除了是我私交好的朋友，還慷慨大方地發揮身為編輯、研究人員、測試閱聽員、觀念與實例的貢獻者、編纂者與素材組織者的才華。我確信如果沒有他，這本書就不存在。

我也非常感謝許多傑出優秀、學養深厚的行為科學家給予幫助，他們鼓勵我，還無私分享他們的時間、觀念與投注的心血，教導我並待我如同行，不斷激勵我贏得他們的尊重和友誼。

麥可・莫布新在這趟旅程擔任思想合作夥伴，我每創作一章，他就細讀並提出深刻的真知灼見，這本書深受他的影響。我的運氣好得不可思議，有他這種大人物願意逐字閱讀，並給

我深刻的指引。

菲利普‧泰特洛克和鮑伯‧梅勒斯（Bob Mellers）既是啟發我靈感的人，也是我的導師。他們在預測和專業判斷方面的著作，幾乎交織貫穿這本書的每一頁。每一次和他們交談，都讓我更聰明。

凱斯‧桑思坦和我討論構想，而且在我寫出草稿時願意一讀，不僅給我非常好的意見回饋，還安撫了擔心會產出無用價值的我。

由丹尼爾‧康納曼領軍，開創如今稱為行為經濟學的領域，他的作品更啟發了本書出現的許多內容。他也慷慨撥冗，同意與我交流想法（丹尼，很抱歉我沒有把書名改得更合你的意，那是尼基的錯）。

特別要感謝泰德‧賽德斯（Ted Seides），介紹我認識法蘭克‧布羅森斯（Frank Brosens），布羅森斯又介紹我認識凱斯‧桑思坦（謝謝你，法蘭克）。也要特別感謝喬許‧沃爾夫（Josh Wolfe），將我介紹給丹尼爾‧康納曼。

亞伯拉罕‧懷納總是陪我進行漫長的午餐，一起漫談本書的概念。書中觀念的架構設計，很多都是來自閒談的結果，本書也因為有他的思想合作而更加完善。

亞當‧格蘭特（Adam Grant）讓我將本書較早版本的某些觀念，拿到他在賓州大學的課堂上介紹，並讓我接觸他的

學生，其中一些人讀過草稿且提出寶貴的意見，在此不只要感謝亞當，還要感謝那些學生：瑞秋・阿比（Rachel Abbe）、柴克里・德雷金（Zachary Drapkin）和馬修・懷斯（Matthew Weiss）。

透過亞當的課，我還認識梅格娜・斯里尼瓦斯（Meghna Sreenivas），後來成為我優秀的研究助理，她也是一流的頂尖人才。

丹・李維和理查・澤克豪瑟影響了我對決策衛生學的想法。他們都很和善，撥出時間與我討論他們的想法，並提醒我某些很有用的參考資料。

特別要感謝早期原稿的所有讀者，撥冗閱讀並提供意見，包括麥可・伯恩斯（Michael Burns）、索諾・喬克西（Sonal Chokshi）、賽斯・高汀（Seth Godin）、瑞克・瓊斯（Rick Jones）、葛瑞格・卡普蘭（Greg Kaplan）、卡爾・羅辛（Carl Rosin）、維杜希・沙爾瑪（Vidushi Sharma）、喬丹・席柏杜（Jordan Thibodeau）、道格拉斯・維格里歐提（Douglas Vigliotti）與保羅・萊特（Paul Wright）。和如此多聰明優秀且才華洋溢的思想家交換想法，讓我樂在其中，並獲益匪淺。謝謝你們在我努力找出本書的定位時，幫我設定書稿的方向，還耐心閱讀非常粗略的草稿。

彼得・阿提亞（Peter Attia）對射箭運動的熱情給我啟

發。丹・伊耿跟我說起達米安遊戲（Damien game），後來成了邪惡博士遊戲的靈感，你真是個邪惡天才。提摩西・霍利漢（Timothy Houlihan）與寇特・尼爾森（Kurt Nelson）在這段期間與我成為至交好友，而且給我極大幫助，找出這本書的表達方式，並在波折不斷的開端後修正方向。夏恩・派瑞許（Shane Parrish）非常慷慨地提供我分享見解的平台，不但透過他的播客節目，還讓我在他的某場研討會上實地測試觀念。

令我受益良多的觀點，有來自丹尼爾・克羅斯比（Daniel Crosby）、摩根・豪瑟（Morgan Housel）、布萊恩・波提諾（Brian Portnoy）、豪爾・史騰（Hal Stern）、吉姆・歐紹納西（Jim O'Shaugnessy）、派屈克・歐紹納西（Patrick O'Shaugnessy）、魏斯・葛雷（Wes Grey）與大衛・佛考（David Foulke），他們對本書的許多觀念提出精闢見解，並激勵我做得更好。

本書的許多例子和觀念，在我和喬・史威尼（Joe Sweeney）多場漫長且曲折迂迴的對話中更加完善。他是我的好友，並在與我共同創立的非營利組織決策教育聯盟（Alliance for Decision Education）擔任執行董事。該組織致力於在幼稚園到國中的教育中，建立決策教育的實習場域。謝謝你，喬，更要感謝聯盟的工作人員與所有資助這個組織的人。

謝謝詹妮弗・薩弗（Jenifer Sarver）、瑪拉琳・貝克

（Maralyn Beck）、盧斯‧史塔伯（Luz Stable）、艾莉西亞‧麥克隆（Alicia McClung）和吉姆‧杜恩（Jim Doughan），讓我的生活維持井然有序。

莉拉‧葛萊特曼（Lila Gleitman）一直是我的導師，也是我的靈感來源。高齡 90 歲的她，依然是我最珍貴的思想夥伴。我熱切渴望能有她萬分之一的縝密思想與創意。她也是我認識的人當中最風趣的，我不知該怎麼感謝她的友好情誼，不知如何充分表達我對她的敬愛。

最重要的是，感謝我的家人對我的支持，包括我的丈夫、孩子、兄弟姊妹、爸爸和所有家族成員。他們在這過程中，一直給我驚人的支持和理解。在人生中能遇到你們所有人是我的幸運，我永遠愛你們。

有關決策策略的寫作、演說和諮詢顧問，讓我有機會認識商業界、管理階層、創新界、金融市場與其他職業的多位優秀思想家，與之分享見解並結為好友。其中不乏有些人以作家、作者、演講者、顧問和播客主持人的身分，發揮才能傳播與培訓決策策略。

這裡難以一一列出我發展出本書概念的所有機會，包括播客節目、訪談，以及和該領域其他人的討論。這本書的許多素材，也是在我與無數商業及專業團體合作的研討會、主題演講或諮詢工作的協助下發展而來。謝謝所有給我平台的人，讓我

表達想法、實地測試，並從回應與意見回饋中獲益。

　　我對本書的謝詞部分最感焦慮，擔心無法充分表達有幸成為這個圈子一分子的感激之情。我想像著，若在本書付梓之後，謝詞不只遺漏一個人，我會感到羞愧欲絕。希望無論遺漏了什麼人，你都能知曉，我對你的感謝絕不少於出現在書頁中的任何人。

參考資料

第 1 章

1. Mitch Morse, "Thinking in Bets: Book Review and Thoughts on the Interaction of Uncertainty and Politics," Medium.com, December 9, 2018, and J. Edward Russo and Paul Schoemaker, *Winning Decisions: Getting It Right the First Time* (New York: Doubleday, 2002)

2. 《星際大戰》：The cost of the original Star Wars film and the box office for the film and for the franchise, as of January 17, 2020, came from "Box Office History for Star Wars Movies," www.the-numbers.com/movies/franchise /Star-Wars#tab=summary.

3. 迪士尼收購的細節：The details of Disney's 2012 acquisition of the franchise came from the press release announcing the transaction, reported by Steve Kovach, "Disney Buys Lucasfilm for $4 Billion," October 30, 2012, *Business Insider*, www.businessinsider.com/disney-buys-lucasfilm-for-4-billion-2012-10.

4. 《星際大戰》提案失敗的歷史：Innumerable retellings of the history of *Star Wars* include its initial rejection by United Artists, along with

other studios passing on the project, including Universal and Disney. The Syfy Wire version is from Evan Hoovler, "Back to the Future Day: 6 Films That Were Initially Rejected by Studios," Syfy Wire, July 3, 2017, www.syfy.com/syfywire/back-to-the-future-day-6-hit-films-that-were-initially-rejected -by-studios.

5. The quote from George Lucas about the film's history appeared in Kirsten Acuna, "George Lucas Recounts How Studios Turned Down 'Star Wars' in Classic Interview," *Business Insider*, February 6, 2014, www.businessinsider.com/george-lucas-interview-recalls-studios-that-turned-down-movie-star-wars-2014-2.

6. William Goldman, *Adventures in the Screen Trade: A Personal View of Hollywood and Screenwriting* (New York: Warner Books, 1983).

第 2 章

1. Neal Roese and Kathleen Vohs, "Hindsight Bias," *Perspectives on Psychological Science* 7, no. 5 (2012): 411–26.

2. 2016 年美國總統選舉的投票和選舉團數據請見 en.wikipedia.org/wiki/2016_United_States_presidential_election.

3. 選舉後質疑柯林頓選戰策略的新聞來源：The sources of the postelection headlines attributing Clinton's loss to her campaign's mistaken priorities (deploying more resources in Florida, North Carolina, and New Hampshire, and fewer resources in Pennsylvania, Michigan, and Wisconsin) were Ronald Brownstein, "How the

Rustbelt Paved Trump's Road to Victory," *The Atlantic*, November 10, 2016, www.theatlantic.com/politics/archive/2016/11 /trumps-road-to-victory/507203/; Sam Stein, "The Clinton Campaign Was Undone by Its Own Ne- glect and a Touch of Arrogance, Staffers Say," *Huffington Post*, November 16, 2016, www.huffpost.com / entry/clinton-campaign-neglect_n_582cacb0e4b058ce7aa8b861; Jeremy Stahl, "Report: Neglect and Poor Strategy Cost Clinton Three Critical States," *Slate*, November 17, 2016, slate.com/news-and -politics/2016/11/report-neglect-and-poor-strategy-helped-cost-clinton-three-critical-states.html.

4. 選舉前質疑川普競選策略的新聞來源：The sources of the preelection headlines that, in contrast, questioned Trump's—not Clinton's—campaign priorities were Philip Bump, "Why Was Donald Trump Campaigning in Johnstown, Pennsylvania?," *Washington Post*, October 22, 2016, www.washingtonpost.com/news/the-fix/ wp/2016/10/22/why-was -donald-trump-campaigning-in-johnstown-pennsylvania/?utm_term=.90a4eb293e1f; John Cassidy, "Why Is Donald Trump in Michigan and Wisconsin?," *New Yorker*, October 31, 2016, www.newyorker .com/news/john-cassidy/why-is-donald-trump-in-michigan-and-wisconsin.

5. 各州的投票數據來自 FiveThirtyEight.com.

第 3 章

1. 亞馬遜工作室改編《高堡奇人》：Information about the Amazon Studios series *The Man in the High Castle* came from plot summaries on Wikipedia, IMDB.com, and Amazon.com. See also Philip K. Dick, *The Man in the High Castle* (New York: Putnam, 1962).

第 4 章

1. 第 4 章至第 6 章的核心內容估算機率和改進預測，貫穿菲利普‧泰特洛克和芭芭拉‧梅勒斯（Barbara Mellers）的研究，是深入研究關於決策預測主題的重要讀物。

2. 野牛案例：The incident in which the man taunted a bison on a road at Yellowstone National Park occurred on the evening of July 31, 2018, and was widely reported. This particular picture of the bison appeared in *USA Today*. David Strege, "Yellowstone Tourist Foolishly Taunts Bison, Avoids Serious Injury," USAToday .com, August 2, 2018, ftw.usatoday.com/2018/08/yellowstone-tourist-foolishly-taunts-bison-avoids -serious-injury. A video of the bison on the road appears on CNN.com, "Man Taunts Charging Bison," August 3, 2018, www.cnn.com/videos/us/2018/08/03/man-taunts-bison-yellowstone-national-park-hln -vpx.hln.

3. 弓箭手心態的比喻：The metaphor of the archer's mindset was inspired by Dr. Peter Attia's passion for archery during a podcast episode I did on *The Drive*, which he hosts, peterattiamd.com/podcast/.

4. 莫布新調查的相關文章，請見 Andrew Mauboussin and Michael Mauboussin, "If You Say Something Is 'Likely,' How Likely Do People Think It Is?," *Harvard Business Review*, HBR.org, July 3, 2018, hbr.org/2018/07/if-you-say-something-is-likely-how-likely-do-people-think-it-is, as well as https://probabilitysurvey.com.

5. 猜測潘妮洛普的體重實驗：An account of Francis Galton's experiment in estimating the weight of an ox appeared in the introduction to James Suroweicki's *The Wisdom of Crowds: Why the Many Are Smarter than the Few and How Collec- tive Wisdom Shapes Business, Economies, Societies and Nations* (New York: Random House, 2004). NPR's *Planet Money Podcast* conducted an online version of this experiment. Jacob Goldstein, "How Much Does This Cow Weigh?," NPR.org, July 17, 2015, www.npr.org/sections/money/2015/07/17/422881071 /how-much-does-this-cow-weigh; Quoctrung Bui, "17,205 People Guessed the Weight of a Cow. This Is How They Did," NPR.org, August 7, 2015, www.npr.org/sections/money/2015/08/07/429720443/17 -205-people-guessed-the-weight-of-a-cow-heres-how-they-did. The picture of Penelope and the graph appeared in the August 7 article.

第 5 章

1. 衝擊試驗：我很感謝亞伯拉罕・懷納某天在午餐時提出這個想法，也謝謝他為本書編織了許多構想。

2. 明確定義用詞，也強調不確定性：An explanation of the standards involved appears in Damon Fleming and Gerald Whittenburg, "Accounting for Uncertainty," *Journal of Accountancy*, September 30, 2007, www.journalofaccountancy.com/issues /2007/oct/ accountingforuncertainty.html. The ranges for the different terms comes from a summary in "Tax Opinion Practice—Confidence Levels for Written Tax Advice," June 12, 2014, taxassociate. wordpress.com/2014/06/12/tax-opinion-practice/. I'm indebted to Ed Lewis for bringing this practice among tax attorneys to my attention.

第 6 章

1. 利弊分析表是內部觀點的僕人：Chip Heath and Dan Heath, in *Decisive: How to Make Better Choices in Life and Work* (New York: Crown, 2013), describe the history of the pros and cons list in detail and analyze its flaws, including its inability to combat the challenge of bias in decision-making.

2. 高人一等效應例子：K. Patricia Cross, "Not Can, But *Will* College Teaching Be Improved?," *New Directions for Higher Education* 17 (1977): 1–15.

3. 認為自己是優於平均的駕駛：Ola Svenson, "Are We All Less Risky and More Skillful than Our Fellow Driv- ers?," *Acta Psychologica* 47, (1981): 143–48.

4. 社交技巧高人一等：College Board, Student Descriptive Questionnaire,

1976–1977, Prince- ton, NJ: Educational Testing Service.

5. 責任與判斷力高人一等：Emily Stark and Daniel Sachau, "Lake Wobegon's Guns: Overestimating Our Gun-Related Competences," *Journal of Social and Political Psychology* 4, no. 1 (2016): 8–23. Stark and Sachau cited all these examples and sources, along with numerous additional findings of the better-than-average effect.

3. 精確所在之處：麥可‧莫布新與我分享他經常使用在演講中的插圖。請見 Michael Mauboussin, Dan Callahan, and Darius Majd, "The Base Rate Book: Integrating the Past to Better Anticipate the Future," Credit Suisse Global Financial Strategies, September 26, 2016.

4. 聰明反而使動機推理變得糟糕：Daniel Kahan and colleagues have done substantial research on this aspect of motivated reasoning. See Daniel Kahan, David Hoffman, Donald Braman, Danieli Evans, and Jeffrey Rachlinski, "They Saw a Protest: Cognitive Illiberalism and the Speech-Conduct Distinction," *Stanford Law Review* 64 (2012): 851–906; and Daniel Kahan, Ellen Peters, Erica Dawson, and Paul Slovic, "Motivated Numeracy and Enlightened Self-Government," *Behavioural Public Policy* 1, no. 1 (May 2017), 54–86.

5. In addition, some of the influential work on "myside bias" (or "blind spot bias") includes Richard West, Russell Meserve, and Keith Stanovich, "Cognitive Sophistication Does Not Attenuate the Bias Blind Spot," *Journal of Personality and Social Psychology* 103, no. 3 (September 2002), 506–19; Keith Stanovich and Richard

West, "On the Failure of Cognitive Ability to Predict Myside and One-Sided Thinking Biases," *Thinking & Reasoning* 14, no. 2 (2008): 129–67; and Vladimira Cavojova, Jakub Srol, and Magalena Adamus, "My Point Is Valid, Yours Is Not: Myside Bias in Reasoning About Abortion," *Journal of Cognitive Psychology* 30, no. 7 (2018): 656–69. An instructive article on myside bias, which brought the work of Cavojova and colleagues (along with other recent research) to my attention is from Chris- tian Jarrett, "'My-side Bias' Makes It Difficult for Us to See the Logic in Arguments We Disagree With," *BPS Research Digest*, October 9, 2018, digest.bps.org.uk/2018/10/09/my-side-bias-makes-it-difficult -for-us-to-see-the-logic-in-arguments-we-disagree-with/.

6. 離婚率：Centers for Disease Control, National Center for Health Statistics, National Health Statistics Reports, Number 49, March 22, 2012, www.cdc.gov/nchs/data/nhsr/nhsr049.pdf.

7. 死因為心臟疾病的基準率：Centers for Disease Control, Heart Disease Facts, www.cdc.gov/heartdisease /facts.htm.

8. 美國大城市的人口：U.S. Census, census.gov/popclock.

9. 美國高中畢業生立即上大學的基準率：NCHEMS Information Center for Higher Education Policymaking and Analysis, 2016, www.higheredinfo.org/dbrowser/?year=2016&level=nation&mode=graph&state=0&submeasure=63.

10. 開餐廳失敗的基準率：Rory Crawford, "Restaurant Profitability

and Failure Rates: What You Need to Know," FoodNewsFeed.com, April 2019, www.foodnewsfeed.com/fsr/expert-insights/restaurant-profitability-and -failure-rates-what-you-need-know.

11. 結婚與離婚：Casey Copen, Kimberly Daniels, Jonathan Vespa, and William Mosher, "First Mar- riages in the United States: Data from the 2006–2010 National Survey of Family Growth," National Health Statistics Reports, March 22, 2012.

12. Zachary Crockett, "Are Gym Memberships Worth the Money?," TheHustle.co, January 5, 2019, thehustle .co/gym-membership-cost.

1. Kyle Hoffman, "41 New Fitness & Gym Membership Statistics for 2020 (Infographic)," NoobGains.com, August 28, 2019, htnoobgains. com/gym-membership-statistics/.

13. David Schkade and Daniel Kahneman, "Does Living in California Make People Happy? A Focusing Illu- sion in Judgments of Life Satisfaction," *Psychological Science* 9, no. 5 (September 1998): 340–46.

第7章

1. 花時間在決定吃什麼：The average American couple spends 132 hours a year deciding what to eat. SWNS, "American Couples Spend 5.5 Days a Year Deciding What to Eat," NewYorkPost.com, November 17, 2017, nypost.com /2017/11/17/american-couples-spend-5-5-days-a-year-deciding-what-to-eat/.

2. 花時間在決定看什麼：Netflix users spend an average of eighteen minutes on a given day deciding what to watch. Russell Goldman and Corey Gilmore, "New Study Reveals We Spend 18 Minutes Every Day Deciding What to Stream on Netflix," Indiewire.com, July 21, 2016, www.indiewire.com/2016/07 /netflix-decide-watch-studies-1201708634/.

3. 花時間在決定穿什麼：A poll of 2,491 women found that they spend an average of sixteen minutes deciding what to wear on weekday mornings and fourteen minutes on weekend mornings. Tracey Lomrantz Lester, "How Much Time Do You Spend Deciding What to Wear? (You'll Never Believe What's Average!)," Glamour .com, July 13, 2009, www.glamour.com/story/how-much-time-do-you-spend-dec.

4. 刺探世界：I came across this great critique by Tim Harford in the *Financial Times*, "Why Living Experimentally Beats Taking Big Bets," www.ft.com/content/c60866c6-3039-11e9-ba00-0251022932c8, that pointed out that *Thinking in Bets* hadn't emphasized well enough that not all bets are big. Many decisions are tiny, low-impact bets for information gathering. (They've been referred to in poker as probe bets.) As Har- ford explained, you need to do lots of experimentation in decisions to gather intel. In part thanks to that critique, the emphasis on this point appears here.

5. 免費博弈：According to Wikipedia, "freeroll" became a gambling expression from the practice, in the early 1950s, of Las Vegas hotel-

casinos offering guests a "free roll" of nickels upon check-in to play the slot machines.

6. 決策很難時，其實代表它很容易：I was discussing this concept over that same lunch with Abraham Wyner and he suggested this beautiful way to sum up how to think about two very close, high-impact options, a clear reminder of the power of Adi's observations, and lunch's place as one of the most important meals of the day.

7. 唯一選項測試：Koen Smets explained this concept in "More Indifference: Why Strong Preferences and Opinions Are Not (Always) for Us," Medium.com, May 3, 2019, medium.com/@koenfucius/more-indifference -cdb2b1f9d953?sk=f9cb494adf b86451696b3742f140e901.

8. National Student Clearinghouse Research Center, "Transfer & Mobility—2015," July 6, 2015, nscresearchcenter .org/signaturereport9/; Valerie Strauss, "Why So Many College Students Decide to Transfer," *Washing- ton Post*, January 29, 2017, www.washingtonpost.com/news/answer-sheet/wp/2017/01/29/why-so-many -college-students-decide-to-transfer/.

9. Jeff Bezos, "Letter to Shareholders," Amazon.com 2016 Annual Report," www.sec.gov/Archives/edgar/data/1018724/000119312516530910/d168744dex991.htm; Richard Branson, "Two-Way Door Decisions," Virgin.com, February 26, 2018, www.virgin.com/richard-branson/two-way-door-decisions.

10. 伊萬‧布斯基的傳說：This apocryphal story of Ivan Boesky ordering every item on the menu at Tavern on the Green is included because it illustrates, albeit in an extreme fashion, the concept of choosing multiple options in parallel. Public versions of the tale refer to it as a "legend," something that "reportedly" happened. Myles Meserve, "Meet Ivan Boesky, the Infamous Wall Streeter Who Inspired Gordon Gekko," *Business In- sider*, July 26, 2012, www.businessinsider.com/meet-ivan-boesky-the-infamous-wall-streeter-who-inspired-gordon-gecko-2012-7; Nicholas Spangler and Esther Davidowitz, "Seema Boesky's Rich Afterlife," *Westchester Magazine*, November 2010, www.westchestermagazine.com/Westchester-Magazine/November -2010/Seema-Boesky-rsquos-Rich-Afterlife/.

11. *Leave It to Beaver*, "The Haircut," October 25, 1957 (original U.S. air date), written by Bill Manhoff, IMDb.com, www.imdb.com/title/tt0630303/.

12. *The Terminator*, directed by James Cameron (Los Angeles: Orion Pictures,1984), written by James Cameron and Gale Anne Hurd.

13. 滿足化與最大化：Some helpful articles describing the research and practical importance of satisficing versus maximizing in- clude Kate Horowitz, "Why Making Decisions Stresses Some People Out," MentalFloss.com, February 27, 2018 (which described recent research by Jeffrey Hughes and Abigail Scholer, "When Wanting the Best Goes Right or Wrong: Distinguishing Between Adaptive and Maladaptive Maximization," *Person- ality and Social Psychology*

Bulletin 4, no. 43 (February 8, 2017): 570–83), http://mentalfloss. com/article /92651/why-making-decisions-stresses-some-people-out; Olga Khazan, "The Power of 'Good Enough,'" TheAtlantic.com, March 10, 2015, www.theatlantic.com/health/archive/2015/03/the-power-of-good -enough/387388/; Mike Sturm, "Satisficing: A Way Out of the Miserable Mindset of Maximizing," Medium.com, March 28, 2018, medium.com/@MikeSturm/satisficing-how-to-avoid-the-pitfalls-of -the-maximizer-mindset-b092fe4497af; and Clare Thorpe, "A Guide to Overcoming FOBO, the Fear of Better Options," Medium.com, November 19, 2018, medium.com/s/story/a-guide-to-overcoming -fobo-the-fear-of-better-options-9a3f4655bfae.

第 8 章

1. Ashley, Moor, "This Is How Many People Actually Stick to Their New Year's Resolutions," December 4, 2018, www.msn.com/en-us/health/wellness/this-is-how-many-people-actually-stick-to-their-new-year -e2-80-99s-resolutions/ar-BBQv644.

2. Carl Richards, *The Behavior Gap: Simple Ways to Stop Doing Dumb Things with Money* (New York: Portfolio, 2012).

3. 皮爾與美國前總統艾森豪、尼克森和川普的熟稔，資料來自維基百科：en.wikipedia.org/wiki/Norman_Vincent_Peale. Peale officiated at Trump's first wedding, as well as the wedding of David Eisenhower (President Eisenhower's only grandson) and Julie Nixon

(one of Presi- dent Nixon's daughters). Charlotte Curtis, "When It's Mr. and Mrs. Eisenhower, the First Dance Will be 'Edelweiss,'" *New York Times*, December 14, 1968, timesmachine.nytimes.com/timesm achine/1968/12/14/76917375.html?pageNumber=58; Andrew Glass, "Julie Nixon Weds David Eisenhower, Dec. 22, 1968," Politico.com, December 22, 2016, www.politico.com/story/2016/12/julie-nixon-weds-david -eisenhower-dec-22-1968-232824; Paul Schwartzman, "How Trump Got Religion—and Why His Legendary Minister's Son Now Rejects Him," Washington Post, January 21, 2016, www. washingtonpost.com/lifestyle /how-trump-got-religion—and-why-his-legendary-ministers-son-now-rejects-him/2016/01/21/37bae16e-bb02 -11e5-829c-26ffb874a18d_story.html; Curtis Sitomer, "Preacher's Preacher Most Enjoys Helping People One-on-One," Christian Science Monitor, May 25, 1984, www.csmonitor. com/1984/0525/052516.html.

4. 心智對比：see Gabriele Oettingen, *Rethinking Positive Thinking: Inside the New Science of Motivation* (New York: Current, 2014); Gabriele Oettingen and Peter Gollwitzer, "Strategies of Setting and Implementing Goals," in *Social Psychological Foundations of Clinical Psychology*, edited by J. Maddox and J. Tangney (New York: Guilford Press, 2010).

5. 蓋瑞‧克萊恩提出事前驗屍，該方法帶給我影響，請見 Gary Klein, "Per- forming a Project Premortem," *Harvard Business Review* 85, no 9 (September 2007): 18–19; and Gary Klein, Paul

Sonkin, and Paul Johnson, "Rendering a Powerful Tool Flaccid: The Misuse of Premortems on Wall Street," February 2019 draft, capitalallocatorspodcast.com/wp-content/uploads/Klein-Sonkin -and-Johnson-2019-The-Misuse-of-Premortems-on-Wall-Street.pdf.

6. 結合心智時光旅行與心智對比的成效：The research about the 30% increase in reasons for failure is from Deborah Mitchell, J. Edward Russo, and Nancy Pennington, "Back to the Future: Temporal Perspective in the Explanation of Events," *Journal of Behavioral Decision Making* 2, no. 1 (January 1989): 25–38.

7. 事前驗屍與向後預測：See Chip Heath and Dan Heath, *Decisive: How to Make Better Choices in Life and Work* (New York: Crown, 2013).

8. 邪惡博士遊戲，改編自丹‧伊耿稱做達米安的遊戲。我稍微調整遊戲，加入其他人無法發現任何個人決策錯誤的約束。

9. 達斯‧維達的管理風格：The quotes from the movie came from George Lucas's Revised Fourth Draft Script of *Star Wars, Episode IV, A New Hope*, January 15, 1976, www.imsdb.com/scripts/Star-Wars-A-New-Hope.html.

10. 有時保守是邪惡的壞選擇：Andrew Beaton and Ben Cohen, "Football Coaches Are Still Flunking on Fourth Down," *Wall Street Journal*, September 16, 2019, www.wsj.com/articles/football-coaches-are-still-flunking-their-tests-on -fourth-down-11568642372; Dan Bernstein, "Revolution or Convention—Analyzing NFL

Coaches' Fourth-Down Decisions in 2018," *Sporting News*, January 17, 2019, www.sportingnews.com/us/nfl /news/revolution-or-convention-analyzing-nfl-coaches-fourth-down-decisions-in-2018/1kyyi026urad31qwvitnbz2rnc; Adam Kilgore, "On Fourth Down, NFL Coaches Aren't Getting Bolder. They're Getting Smarter," *Washington Post*, October 8, 2018, www.washingtonpost. com/sports/2018/10/09/fourth-down -nfl-coaches-arent-getting-bolder-theyre-getting-smarter/; NYT 4th Down Bot, "Fourth Down: When to Go for It and Why," *New York Times*, September 5, 2014, www.nytimes.com/2014/09/05/upshot/4th -down-when-to-go-for-it-and-why.html; Ty Schalter, "NFL Coaches Are Finally Getting More Aggres- sive on Fourth Down," FiveThirtyEight.com, November 14, 2019, fivethirtyeight.com/features/nfl -coaches-are-finally-getting-more-aggressive-on-fourth-down/.

第 9 章

1. 塞麥爾維斯醫生與維也納綜合醫院產科病房：Lindsey Fitzharris, *The Butchering Art: Joseph Lister's Quest to Transform the Grisly World of Victorian Medicine* (New York: Scientific American/ Farrar, Straus and Giroux, 2017), 46. The quote about the trusty, crusty apron was from an account by Berkeley Moynihan, a pioneering surgeon who was one of the first to use rubber gloves— *approximately forty years after Semmelweis's death.* Additional details on the life and death of Dr. Ignaz Semmelweis came from Codell Carter and Barbara Carter, *Childbed Fever: A Scientific*

Biography of Ignaz Semmelweis (Livingston, NJ: Transaction Publishers, 2005), 78; Duane Funk, Joseph Parrillo, and Anand Kumar, "Sepsis and Septic Shock: A History," *Critical Care Clinics* 25 (2009): 83–101.

2. Solomon Asch, "Opinions and Social Pressure," *Scientific American* 193, no. 5 (November 1955): 31–35.

3. John Stuart Mill's *On Liberty*, apart from being one of the most influential books ever written on individual rights and the relationship between authority and liberty, expresses powerful, enduring concepts about decision-making. See specifically chapter 2, "Of the Liberty of Thought and Discussion." Jonathan Haidt and Richard Reeves collaborated on a short, edited version of the best of chapter 2, illustrated by Dave Cicirelli, *All Minus One: John Stuart Mill's Ideas on Free Speech Illustrated* (New York: Heterodox Academy, 2018). (It's available as a free downloadable PDF at heterodoxacademy.org/mill/.)

4. Garold Stasser and William Titus, "Pooling of Unshared Information in Group Decision Making: Biased Information Sampling During Discussion," *Journal of Personality and Social Psychology* 48, no. 6 (1985): 1467–78.

5. Dan Levy, Joshua Yardley, and Richard Zeckhauser, "Getting an Honest Answer: Clickers in the Class- room," *Journal of the Scholarship of Teaching and Learning* 17, no. 4 (October 2017): 104–25.

6. 對某領域專家的限制和檢查：Philip Tetlock has studied and written extensively about the role of expertise in decision-making, including specifically the role of experts in group decisions. See Philip Tetlock and Dan Gardner, *Superforecasting: The Art and Science of Prediction* (New York: Crown, 2015), and Philip Tetlock, *Expert Political Judgment: How Good Is It? How Much Can We Know?* (Princeton, NJ: Princeton University Press, 2005).

7. 哈佛大學理查・澤克豪瑟教授，喜歡用團體決策的方式，讓成員各自寫下意見，並從最年輕的人開始大聲朗讀。

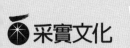

**線上
讀者回函**

如果你有選擇障礙、
每次做決定都猶豫不決、
翻開本書，
幫你做出精準的好決策，
解決難以抉擇的困擾，
就算結果不如預期也不後悔，
讓每次出手的成功率都比過去高！

https://bit.ly/37oKZEa

立即掃描 QR Code 或輸入上方網址，

連結采實文化線上讀者回函，

歡迎跟我們分享本書的任何心得與建議。

未來會不定期寄送書訊、活動消息，

並有機會免費參加抽獎活動。采實文化感謝您的支持 ☺

翻轉學 翻轉學系列 089

高勝算決策 2：做出好決策的高效訓練【暢銷實踐版】

選科系、找工作、挑伴侶、做投資……面對人生各種抉擇，如何精準
判斷、減少錯誤、提高成功率？
How to Decide: Simple Tools for Making Better Choices

作　　　　者	安妮・杜克（Annie Duke）
譯　　　　者	林奕伶
封 面 設 計	FE 工作室
內 文 排 版	黃雅芬
責 任 編 輯	黃韻璇
行 銷 企 劃	陳豫萱・陳可錞
出版二部總編輯	林俊安

出 　 版 　 者	采實文化事業股份有限公司
業 務 發 行	張世明・林踏欣・林坤蓉・王貞玉
國 際 版 權	鄒欣穎・施維真
印 務 採 購	曾玉霞
會 計 行 政	李韶婉・簡佩鈺・柯雅莉
法 律 顧 問	第一國際法律事務所　余淑杏律師
電 子 信 箱	acme@acmebook.com.tw
采 實 官 網	www.acmebook.com.tw
采 實 臉 書	www.facebook.com/acmebook01

I　S　B　N	978-986-507-893-5
定　　　　價	420 元
初 版 一 刷	2022 年 8 月
劃 撥 帳 號	50148859
劃 撥 戶 名	采實文化事業股份有限公司
	104 台北市中山區南京東路二段 95 號 9 樓
	電話：(02)2511-9798　傳真：(02)2571-3298

國家圖書館出版品預行編目資料

高勝算決策 2：做出好決策的高效訓練【暢銷實踐版】：選科系、找工作、
挑伴侶、做投資……面對人生各種抉擇，如何精準判斷、減少錯誤、提
高成功率？/ 安妮 . 杜克 (Annie Duke) 著；林奕伶譯 . -- 初版 . – 台北市：
采實文化, 2022.08
400 面；14.8×21 公分 . --（翻轉學系列；89）
譯自：How to decide : simple tools for making better choices
ISBN 978-986-507-893-5（平裝）

1.CST: 決策管理

494.1　　　　　　　　　　　　　　　　　　　　　　111008204

HOW TO DECIDE: Simple Tools for Making Better Choices
Copyright ©2020 by Annie Duke
Traditional Chinese edition copyright © 2022 by ACME Publishing Co., Ltd.
This edition published by arrangement with the Portfolio, an imprint of
Penguin Publishing Group, a division of Penguin Random House LLC.
through Andrew Nurnberg Associates International Limited.
All rights reserved including the right of reproduction in whole or in part in
any form.

采實出版集團
ACME PUBLISHING GROUP

版權所有，未經同意不得
重製、轉載、翻印